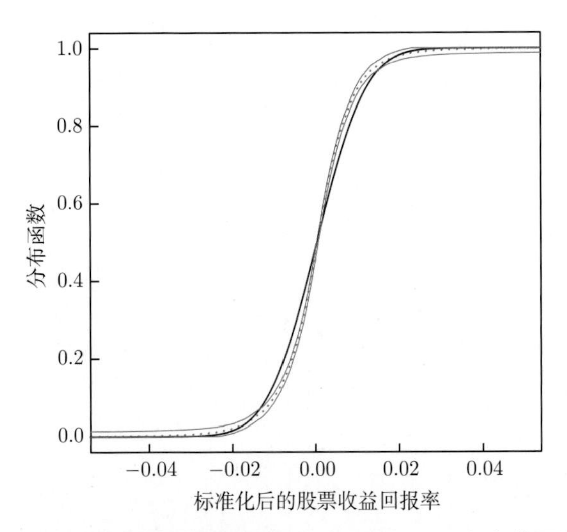

图 1.3　标准化后的股票收益回报率的经验分布函数，99%柯尔莫哥洛夫-斯米尔诺夫同时置信带，以及正态分布函数

蓝色虚线是经验分布函数，红色实线是 99%的柯尔莫哥洛夫-斯米尔诺夫同时置信带，黑色实线是均值和方差等于样本均值和样本方差的正态分布函数。

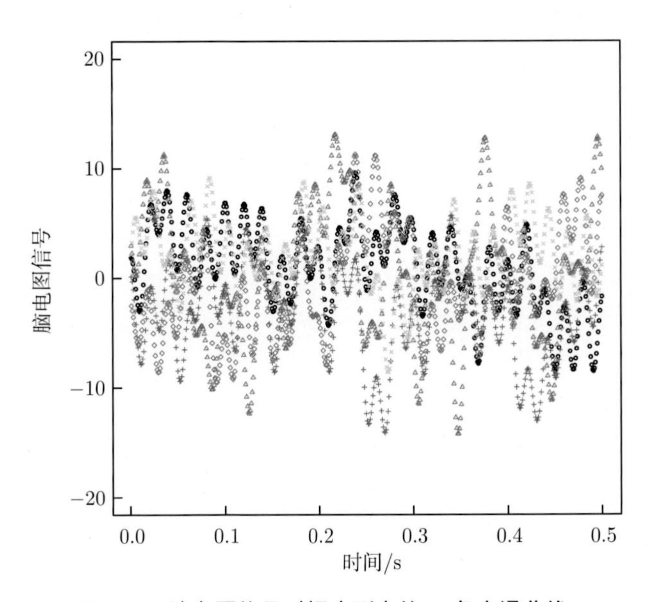

图 1.4　脑电图信号时间序列中的 5 条光滑曲线

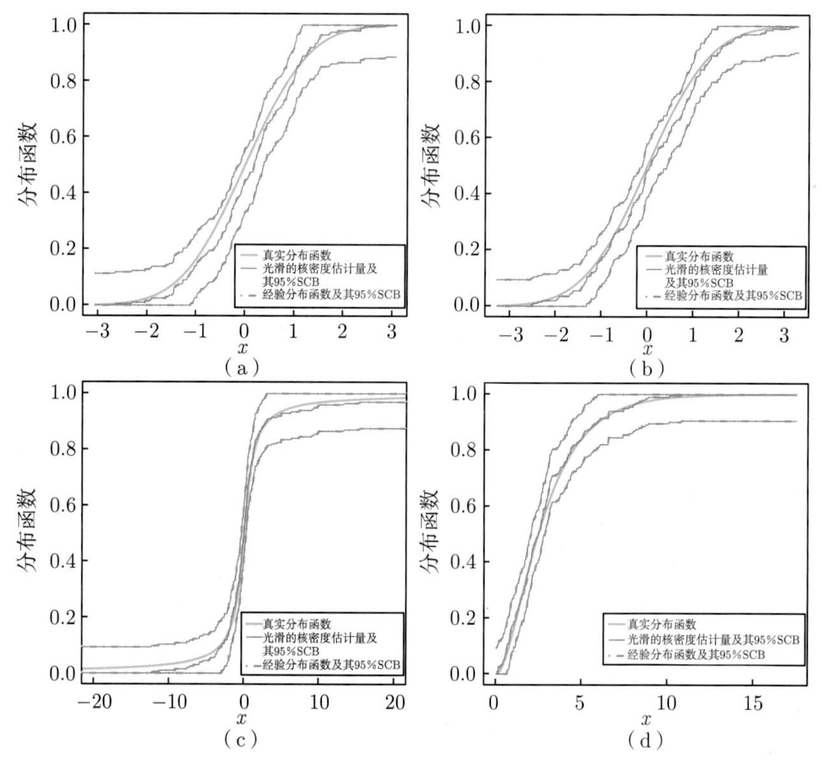

图 2.1　不同模型中的真实的分布函数、光滑的核密度估计量及其修正的 95%同时置信带、经验分布函数及其 95%的同时置信带

不同模型样本量的 $(n_k, N_k) = (200, 5000)$：(a)、(b) 模型 1，参数 ϕ 分别是 0.2 和 -0.4；(c) 模型 2；(d) 模型 3，参数 $\theta = 2$

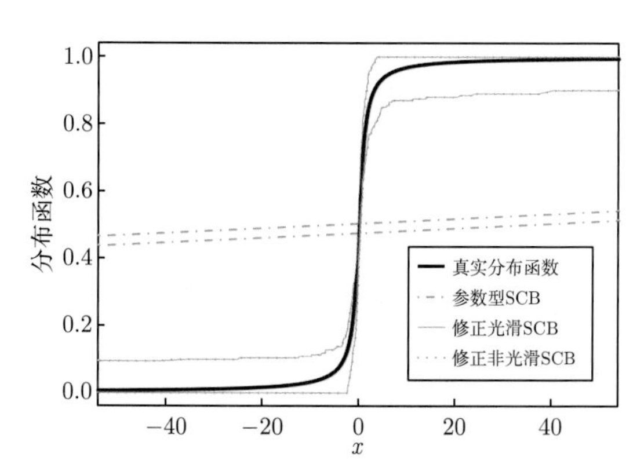

图 2.2　模型 2 修正光滑的、修正非光滑的和参数型 95%的同时置信带

$(n_k, N_k) = (200, 5000)$

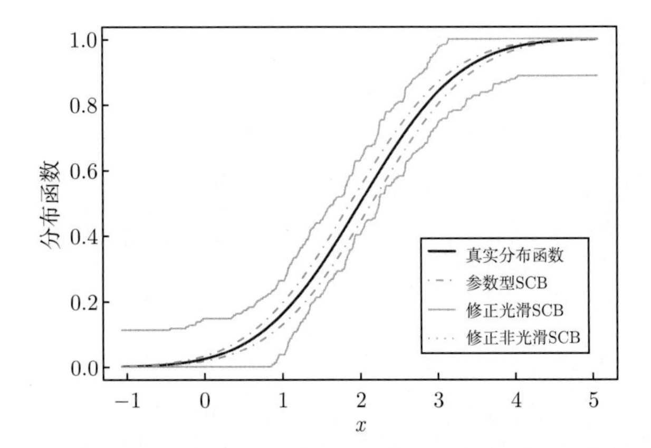

图 2.3　模型 4 修正光滑的、修正非光滑的和参数型 95%的同时置信带

$(n_k, N_k)=(200, 5000)$，$\phi=0.2$，$\mu=2$

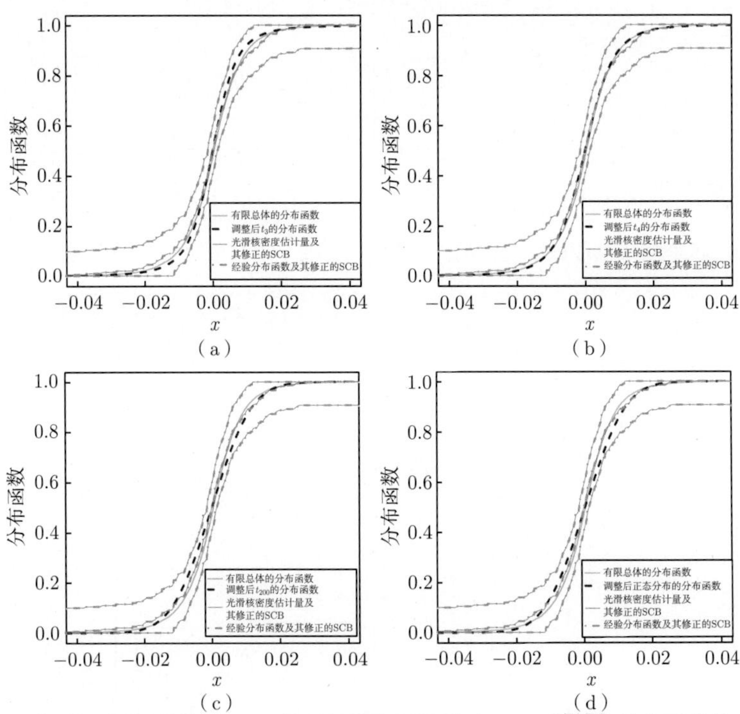

图 2.4　标准化的标准普尔 500 指数股票每日回报率 $\{x_t\}_{t=1}^{17276}$ 的有限总体分布函数 F_N，基于简单随机抽样得到的光滑核密度估计量及其修正的 95%同时置信带，经验分布函数及其修正的 95%同时置信带

简单随机抽样样本的样本量为 $n=200$。四张图的点线分别是：(a) 调整过的自由度为 3 的 t 分布；(b) 调整过的自由度为 4 的 t 分布；(c) 调整过的自由度为 200 的 t 分布；(d) 正态分布

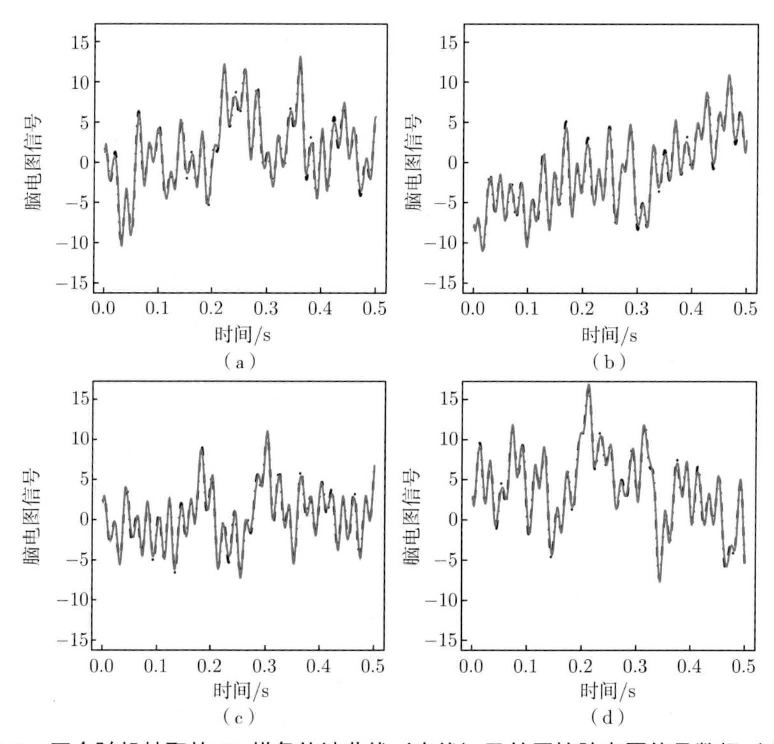

图 3.2　四个随机抽取的 B 样条估计曲线（实线）及其原始脑电图信号数据（虚线）

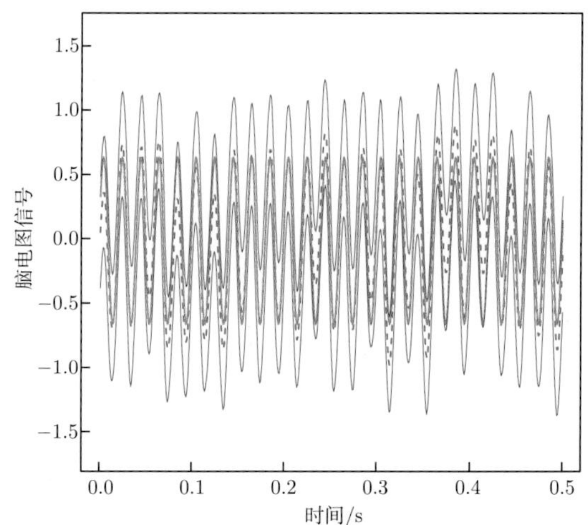

图 3.3　原假设曲线 $m_0(x)$（粗线）、样条估计量 $\widehat{m}(x)$（虚线）、关于 $m(x)$ 的 $100(1-\alpha)\% = 100(1-0.972)\%$同时置信带（实线）

$m_0(x) = -0.0148 + 0.632\sin(100\pi x) + 0.157\cos(100\pi x)$

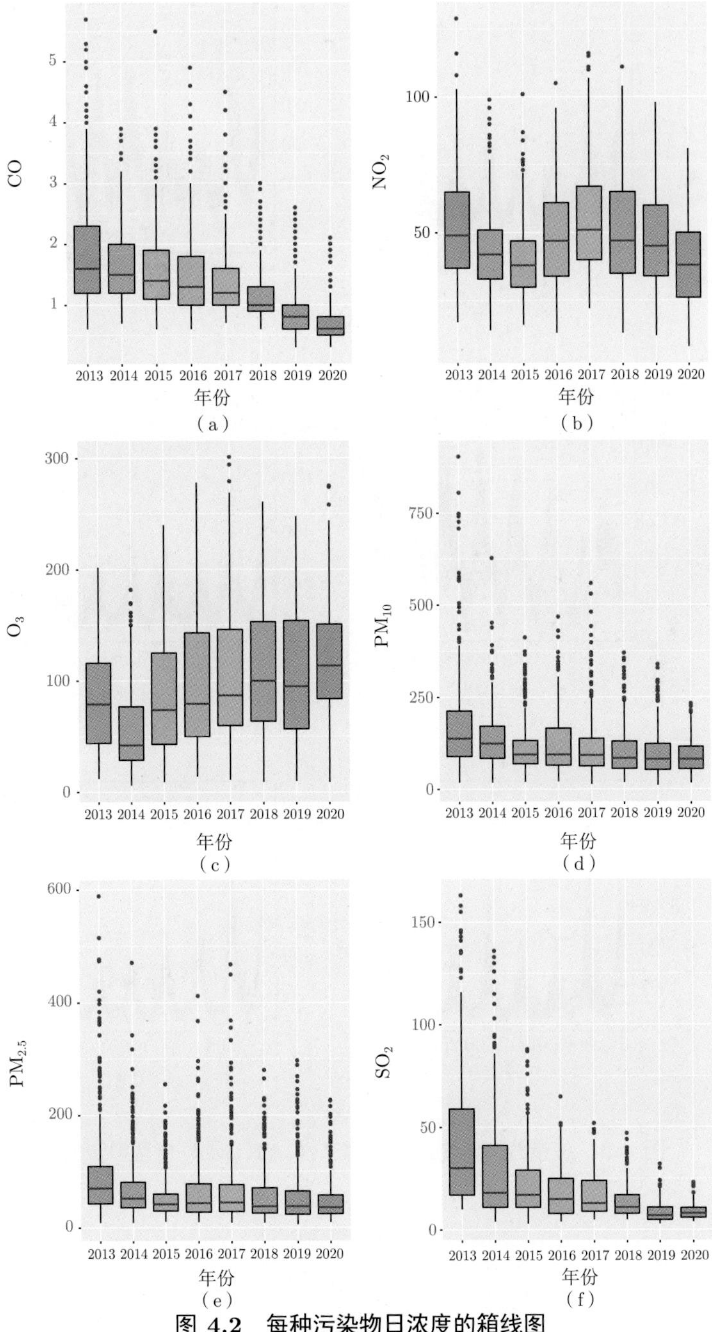

图 4.2 每种污染物日浓度的箱线图

黑色粗线为中位数

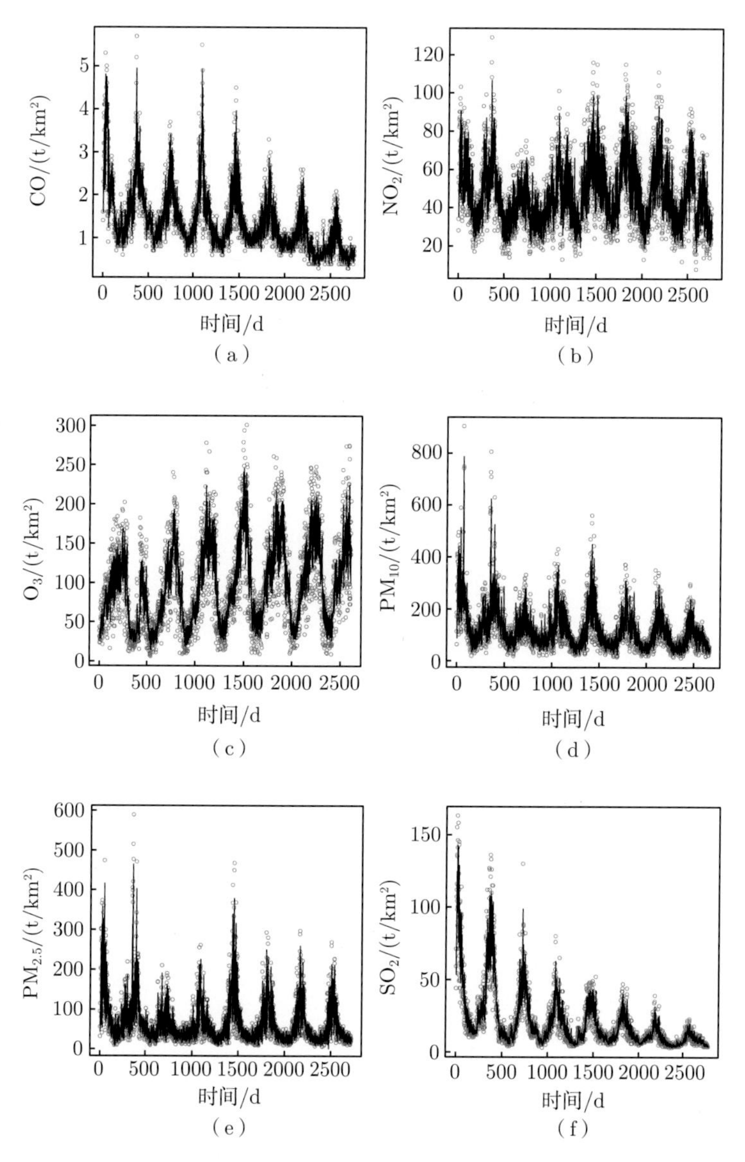

图 4.3　各空气污染物浓度的季节性 ARIMA 模型拟合值

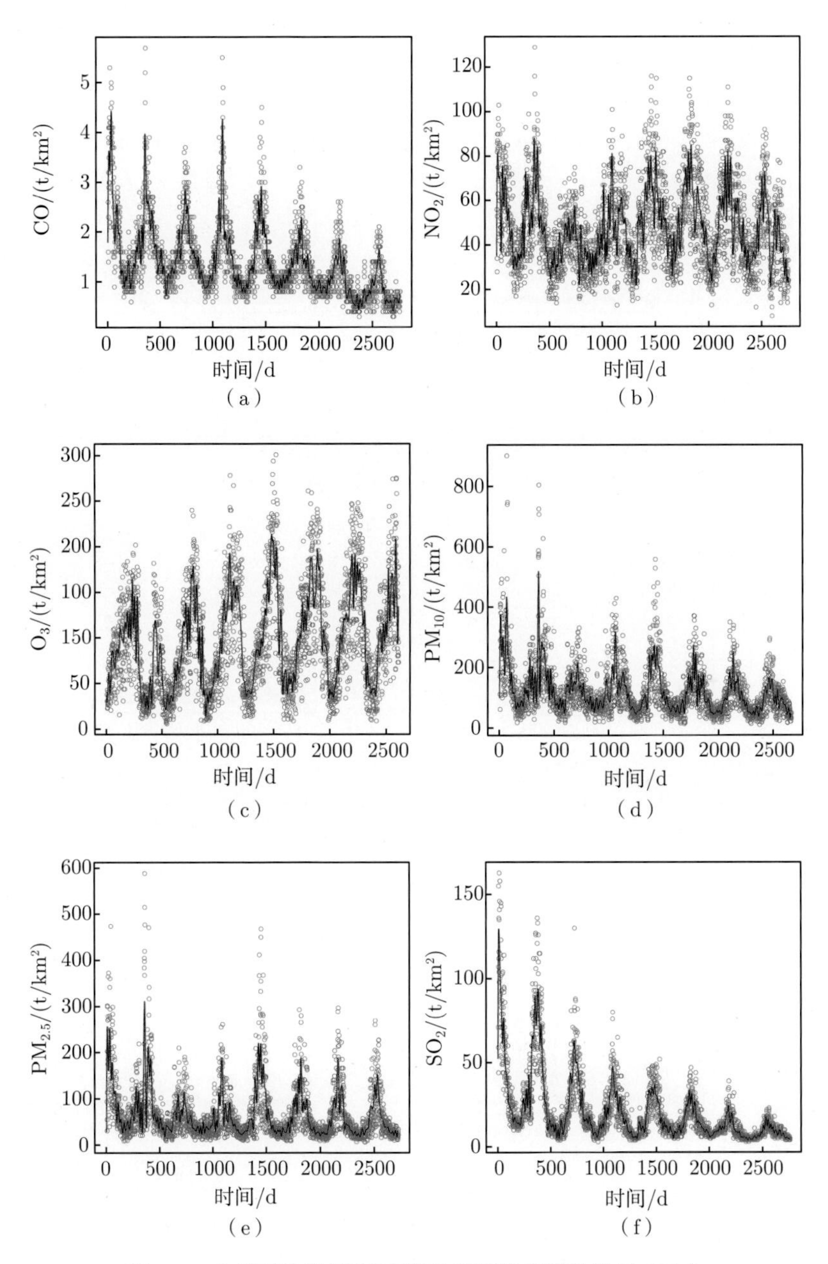

图 4.4　每种空气污染物浓度及其趋势函数估计量 $\widehat{m}(\cdot)$

$\widehat{m}(\cdot)$ 为实线

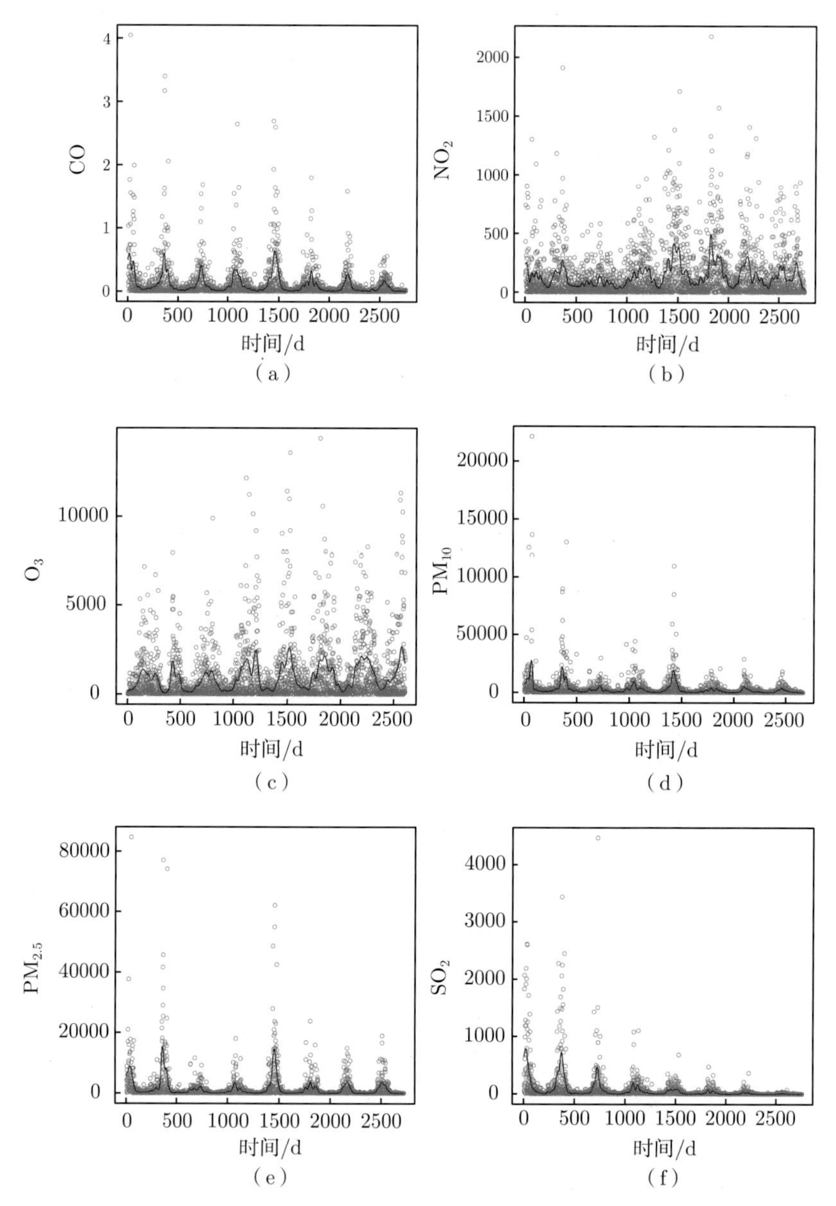

图 4.5　每种空气污染物浓度的 $\widehat{e}_t^2$ 的散点图及其方差函数估计量 $\widehat{\sigma}^2(\cdot)$

$\widehat{\sigma}^2(\cdot)$ 为实线

清华大学优秀博士学位论文丛书

复杂时间序列的统计推断理论及预测方法

李杰（Li Jie）著

Statistical Inference and Forecasting Methods for Complex Time Series

清華大學出版社
北京

内 容 简 介

时间序列模型广泛应用于计量经济学、金融学、生物统计学、工业计量学等领域。本书主要研究了复杂时间序列的理论性质和实际应用，包括对时间序列的分布函数、函数型时间序列，以及局部平稳时间序列多步向前预测区间的统计推断。

本书可作为统计学、数据科学等相关专业本科生或研究生的选修课教材，也可作为统计学科研人员、企业管理人员和国家行政机关工作人员学习预测方法的参考用书。

版权所有，侵权必究。举报：010-62782989, beiqinquan@tup.tsinghua.edu.cn。

图书在版编目（CIP）数据

复杂时间序列的统计推断理论及预测方法/李杰著.—北京：清华大学出版社，2023.12（2024.6重印）
（清华大学优秀博士学位论文丛书）
ISBN 978-7-302-65001-0

Ⅰ. ①复…　Ⅱ. ①李…　Ⅲ. ①统计数据-数据处理-时间序列分析　Ⅳ. ①O212

中国国家版本馆 CIP 数据核字（2023）第 230806 号

责任编辑：戚　亚
封面设计：傅瑞学
责任校对：赵丽敏
责任印制：沈　露

出版发行：清华大学出版社
网　址：https://www.tup.com.cn, https://www.wqxuetang.com
地　址：北京清华大学学研大厦 A 座　　邮　编：100084
社 总 机：010-83470000　　邮　购：010-62786544
投稿与读者服务：010-62776969, c-service@tup.tsinghua.edu.cn
质量反馈：010-62772015, zhiliang@tup.tsinghua.edu.cn
印 装 者：三河市东方印刷有限公司
经　销：全国新华书店
开　本：155mm×235mm　印　张：6.75　插　页：4　字　数：123 千字
版　次：2023 年 12 月第 1 版　印　次：2024 年 6 月第 2 次印刷
定　价：69.00 元

产品编号：101860-01

一流博士生教育
体现一流大学人才培养的高度（代丛书序）[①]

人才培养是大学的根本任务。只有培养出一流人才的高校，才能够成为世界一流大学。本科教育是培养一流人才最重要的基础，是一流大学的底色，体现了学校的传统和特色。博士生教育是学历教育的最高层次，体现出一所大学人才培养的高度，代表着一个国家的人才培养水平。清华大学正在全面推进综合改革，深化教育教学改革，探索建立完善的博士生选拔培养机制，不断提升博士生培养质量。

学术精神的培养是博士生教育的根本

学术精神是大学精神的重要组成部分，是学者与学术群体在学术活动中坚守的价值准则。大学对学术精神的追求，反映了一所大学对学术的重视、对真理的热爱和对功利性目标的摒弃。博士生教育要培养有志于追求学术的人，其根本在于学术精神的培养。

无论古今中外，博士这一称号都和学问、学术紧密联系在一起，和知识探索密切相关。我国的博士一词起源于 2000 多年前的战国时期，是一种学官名。博士任职者负责保管文献档案、编撰著述，须知识渊博并负有传授学问的职责。东汉学者应劭在《汉官仪》中写道："博者，通博古今；士者，辩于然否。"后来，人们逐渐把精通某种职业的专门人才称为博士。博士作为一种学位，最早产生于 12 世纪，最初它是加入教师行会的一种资格证书。19 世纪初，德国柏林大学成立，其哲学院取代了以往神学院在大学中的地位，在大学发展的历史上首次产生了由哲学院授予的哲学博士学位，并赋予了哲学博士深层次的教育内涵，即推崇学术自由、创造新知识。哲学博士的设立标志着现代博士生教育的开端，博士则被定义为

① 本文首发于《光明日报》，2017 年 12 月 5 日。

独立从事学术研究、具备创造新知识能力的人，是学术精神的传承者和光大者。

博士生学习期间是培养学术精神最重要的阶段。博士生需要接受严谨的学术训练，开展深入的学术研究，并通过发表学术论文、参与学术活动及博士论文答辩等环节，证明自身的学术能力。更重要的是，博士生要培养学术志趣，把对学术的热爱融入生命之中，把捍卫真理作为毕生的追求。博士生更要学会如何面对干扰和诱惑，远离功利，保持安静、从容的心态。学术精神，特别是其中所蕴含的科学理性精神、学术奉献精神，不仅对博士生未来的学术事业至关重要，对博士生一生的发展都大有裨益。

独创性和批判性思维是博士生最重要的素质

博士生需要具备很多素质，包括逻辑推理、言语表达、沟通协作等，但是最重要的素质是独创性和批判性思维。

学术重视传承，但更看重突破和创新。博士生作为学术事业的后备力量，要立志于追求独创性。独创意味着独立和创造，没有独立精神，往往很难产生创造性的成果。1929 年 6 月 3 日，在清华大学国学院导师王国维逝世二周年之际，国学院师生为纪念这位杰出的学者，募款修造“海宁王静安先生纪念碑”，同为国学院导师的陈寅恪先生撰写了碑铭，其中写道：“先生之著述，或有时而不章；先生之学说，或有时而可商；惟此独立之精神，自由之思想，历千万祀，与天壤而同久，共三光而永光。”这是对于一位学者的极高评价。中国著名的史学家、文学家司马迁所讲的“究天人之际，通古今之变，成一家之言”也是强调要在古今贯通中形成自己独立的见解，并努力达到新的高度。博士生应该以“独立之精神、自由之思想”来要求自己，不断创造新的学术成果。

诺贝尔物理学奖获得者杨振宁先生曾在 20 世纪 80 年代初对到访纽约州立大学石溪分校的 90 多名中国学生、学者提出：“独创性是科学工作者最重要的素质。”杨先生主张做研究的人一定要有独创的精神、独到的见解和独立研究的能力。在科技如此发达的今天，学术上的独创性变得越来越难，也愈加珍贵和重要。博士生要树立敢为天下先的志向，在独创性上下功夫，勇于挑战最前沿的科学问题。

批判性思维是一种遵循逻辑规则、不断质疑和反省的思维方式，具有批判性思维的人勇于挑战自己，敢于挑战权威。批判性思维的缺乏往往被认为是中国学生特有的弱项，也是我们在博士生培养方面存在的一个普遍问题。2001 年，美国卡内基基金会开展了一项“卡内基博士生教育创新计划”，针对博士生教育进行调研，并发布了研究报告。该报告指出：在美国和欧洲，培养学生保持批判而质疑的眼光看待自己、同行和导师的观点同样非常不容易，批判性思维的培养必须成为博士生培养项目的组成部分。

对于博士生而言，批判性思维的养成要从如何面对权威开始。为了鼓励学生质疑学术权威、挑战现有学术范式，培养学生的挑战精神和创新能力，清华大学在 2013 年发起“巅峰对话”，由学生自主邀请各学科领域具有国际影响力的学术大师与清华学生同台对话。该活动迄今已经举办了 21 期，先后邀请 17 位诺贝尔奖、3 位图灵奖、1 位菲尔兹奖获得者参与对话。诺贝尔化学奖得主巴里·夏普莱斯（Barry Sharpless）在 2013 年 11 月来清华参加“巅峰对话”时，对于清华学生的质疑精神印象深刻。他在接受媒体采访时谈道：“清华的学生无所畏惧，请原谅我的措辞，但他们真的很有胆量。”这是我听到的对清华学生的最高评价，博士生就应该具备这样的勇气和能力。培养批判性思维更难的一层是要有勇气不断否定自己，有一种不断超越自己的精神。爱因斯坦说：“在真理的认识方面，任何以权威自居的人，必将在上帝的嬉笑中垮台。”这句名言应该成为每一位从事学术研究的博士生的箴言。

提高博士生培养质量有赖于构建全方位的博士生教育体系

一流的博士生教育要有一流的教育理念，需要构建全方位的教育体系，把教育理念落实到博士生培养的各个环节中。

在博士生选拔方面，不能简单按考分录取，而是要侧重评价学术志趣和创新潜力。知识结构固然重要，但学术志趣和创新潜力更关键，考分不能完全反映学生的学术潜质。清华大学在经过多年试点探索的基础上，于 2016 年开始全面实行博士生招生“申请–审核”制，从原来的按照考试分数招收博士生，转变为按科研创新能力、专业学术潜质招收，并给予院系、学科、导师更大的自主权。《清华大学“申请–审核”制实施办法》明晰了导师和院系在考核、遴选和推荐上的权力和职责，同时确定了规范的流程及监管要求。

在博士生指导教师资格确认方面，不能论资排辈，要更看重教师的学术活力及研究工作的前沿性。博士生教育质量的提升关键在于教师，要让更多、更优秀的教师参与到博士生教育中来。清华大学从 2009 年开始探索将博士生导师评定权下放到各学位评定分委员会，允许评聘一部分优秀副教授担任博士生导师。近年来，学校在推进教师人事制度改革过程中，明确教研系列助理教授可以独立指导博士生，让富有创造活力的青年教师指导优秀的青年学生，师生相互促进、共同成长。

在促进博士生交流方面，要努力突破学科领域的界限，注重搭建跨学科的平台。跨学科交流是激发博士生学术创造力的重要途径，博士生要努力提升在交叉学科领域开展科研工作的能力。清华大学于 2014 年创办了“微沙龙”平台，同学们可以通过微信平台随时发布学术话题，寻觅学术伙伴。3 年来，博士生参与和发起“微沙龙”12 000 多场，参与博士生达 38 000 多人次。“微沙龙”促进了不同学科学生之间的思想碰撞，激发了同学们的学术志趣。清华于 2002 年创办了博士生论坛，论坛由同学自己组织，师生共同参与。博士生论坛持续举办了 500 期，开展了 18 000 多场学术报告，切实起到了师生互动、教学相长、学科交融、促进交流的作用。学校积极资助博士生到世界一流大学开展交流与合作研究，超过 60%的博士生有海外访学经历。清华于 2011 年设立了发展中国家博士生项目，鼓励学生到发展中国家亲身体验和调研，在全球化背景下研究发展中国家的各类问题。

在博士学位评定方面，权力要进一步下放，学术判断应该由各领域的学者来负责。院系二级学术单位应该在评定博士论文水平上拥有更多的权力，也应担负更多的责任。清华大学从 2015 年开始把学位论文的评审职责授权给各学位评定分委员会，学位论文质量和学位评审过程主要由各学位分委员会进行把关，校学位委员会负责学位管理整体工作，负责制度建设和争议事项处理。

全面提高人才培养能力是建设世界一流大学的核心。博士生培养质量的提升是大学办学质量提升的重要标志。我们要高度重视、充分发挥博士生教育的战略性、引领性作用，面向世界、勇于进取，树立自信、保持特色，不断推动一流大学的人才培养迈向新的高度。

邱勇

清华大学校长

2017 年 12 月

丛书序二

以学术型人才培养为主的博士生教育，肩负着培养具有国际竞争力的高层次学术创新人才的重任，是国家发展战略的重要组成部分，是清华大学人才培养的重中之重。

作为首批设立研究生院的高校，清华大学自20世纪80年代初开始，立足国家和社会需要，结合校内实际情况，不断推动博士生教育改革。为了提供适宜博士生成长的学术环境，我校一方面不断地营造浓厚的学术氛围，一方面大力推动培养模式创新探索。我校从多年前就已开始运行一系列博士生培养专项基金和特色项目，激励博士生潜心学术、锐意创新，拓宽博士生的国际视野，倡导跨学科研究与交流，不断提升博士生培养质量。

博士生是最具创造力的学术研究新生力量，思维活跃，求真求实。他们在导师的指导下进入本领域研究前沿，吸取本领域最新的研究成果，拓宽人类的认知边界，不断取得创新性成果。这套优秀博士学位论文丛书，不仅是我校博士生研究工作前沿成果的体现，也是我校博士生学术精神传承和光大的体现。

这套丛书的每一篇论文均来自学校新近每年评选的校级优秀博士学位论文。为了鼓励创新，激励优秀的博士生脱颖而出，同时激励导师悉心指导，我校评选校级优秀博士学位论文已有20多年。评选出的优秀博士学位论文代表了我校各学科最优秀的博士学位论文的水平。为了传播优秀的博士学位论文成果，更好地推动学术交流与学科建设，促进博士生未来发展和成长，清华大学研究生院与清华大学出版社合作出版这些优秀的博士学位论文。

感谢清华大学出版社，悉心地为每位作者提供专业、细致的写作和出版指导，使这些博士论文以专著方式呈现在读者面前，促进了这些最新的优秀研究成果的快速广泛传播。相信本套丛书的出版可以为国内外各相关领域或交叉领域的在读研究生和科研人员提供有益的参考，为相关学科领域的发展和优秀科研成果的转化起到积极的推动作用。

感谢丛书作者的导师们。这些优秀的博士学位论文，从选题、研究到成文，离不开导师的精心指导。我校优秀的师生导学传统，成就了一项项优秀的研究成果，成就了一大批青年学者，也成就了清华的学术研究。感谢导师们为每篇论文精心撰写序言，帮助读者更好地理解论文。

感谢丛书的作者们。他们优秀的学术成果，连同鲜活的思想、创新的精神、严谨的学风，都为致力于学术研究的后来者树立了榜样。他们本着精益求精的精神，对论文进行了细致的修改完善，使之在具备科学性、前沿性的同时，更具系统性和可读性。

这套丛书涵盖清华众多学科，从论文的选题能够感受到作者们积极参与国家重大战略、社会发展问题、新兴产业创新等的研究热情，能够感受到作者们的国际视野和人文情怀。相信这些年轻作者们勇于承担学术创新重任的社会责任感能够感染和带动越来越多的博士生，将论文书写在祖国的大地上。

祝愿丛书的作者们、读者们和所有从事学术研究的同行们在未来的道路上坚持梦想，百折不挠！在服务国家、奉献社会和造福人类的事业中不断创新，做新时代的引领者。

相信每一位读者在阅读这一本本学术著作的时候，在吸取学术创新成果、享受学术之美的同时，能够将其中所蕴含的科学理性精神和学术奉献精神传播和发扬出去。

清华大学研究生院院长

2018 年 1 月 5 日

导师序言

时间序列是将特定研究对象以数值、向量、物体等形式，按照时间顺序记录的数据。时间序列分析通过研究已经记录的历史数据，提炼统计规律，并用以对未来序列进行预测，是统计学中的一个重要分支。随着技术的推进与发展，现在收集到的时间序列数据往往呈现维度高、相关性强、时变性强等复杂特征。复杂时间序列数据对分析和建模提出了新的挑战，亟须新的统计推断方法。本书聚焦复杂时间序列数据的统计理论和实际应用，研究了三个极具代表性的统计推断问题，即时间序列分布函数的统计推断，函数型时间序列的统计推断，以及局部平稳时间序列多步向前预测区间的统计推断。

第 2 章针对严平稳时间序列的分布函数建立了四种同时置信带。其中一个有趣的应用是通过构造的同时置信带来检验股票每日回报率分布函数的整体形状（例如重尾和尖峰态）。第 2 章在最宽泛的假设下得到了渐近结论，并检验了标准普尔 500 指数序列 (1950 年 1 月至 2018 年 8 月) 的分布函数。一个令人惊讶的发现是其分布函数可以是自由度大于 2 的多个学生分布，甚至是正态分布。本书提出的同时置信带是现有针对时间序列分布函数形状检验的唯一理论可靠的工具。该工作使用了核光滑、强混合性和随机过程收敛等结果，并于 2019 年在北大-清华统计学论坛获优秀墙报奖。

第 3 章对于平稳函数型时间序列的均值函数提出了一种渐近正确的同时置信带。具有时间相依性的函数型数据在科学研究中频繁出现，例如脑电图和心电图信号等，它们被称为“函数型时间序列”。第 3 章将轨迹间依赖性建模为取值为 L^2 空间中的无穷移动平均，记作 FMA(∞)。在函数型主成分得分和测量误差的基本矩条件假设下，本书建立了均值函数 B 样条估计量的默示有效性，并基于此推导了同时置信带。对于脑电图信号这一函数型时间序列，该工作表明其均值函数实际上可以表示为稀疏的傅里叶级数，因为脑电图时间序列均值函数的三角级数估计量被包含在低置信水平的同时置信带中。这是目前唯一针对离散观测、存在测量误差的函数时间序列的同时置信带工作，其理论推导运用了 B 样条平滑、高斯过程部分和强逼近等复杂技巧。该工作于 2020 年荣获国际数理统计协会 (Institute of Mathematical Statistics，IMS) 颁发的汉南研究生旅行奖 (Hannan Graduate Student Travel Award)，作者李杰博士是当年唯一来自中国的获奖者。

第 4 章构造了局部平稳时间序列的多步向前预测区间。具体步骤是，通过 B 样条估计时变趋势函数，通过核光滑方法估计时变方差函数，在对标准化的时间序列拟合自回归模型后，得到预测残差的分位数估计，最后构造出了未来观测的预测区间。第 4 章用提出的新方法分析了西安市 2013 年 1 月至 2020 年 7 月大气污染物的浓度数据，发现本书提出的预测区间精度高于季节性 ARIMA 方法的预测区间，从而证明了所提方法的优越性。该工作于 2021 年被国际统计学会 (International Statistical Institute, ISI）认定解决了一个对广大发展中国家具有实际意义的应用统计问题，荣获每两年颁发一次的国际统计学会简 • 丁伯根奖一等奖（ISI Jan Tinbergen Award Division • A First Prize），这也是此奖项的一等奖首次授予华人统计学者。

本书在理论分析中灵活运用了非参数统计的核估计与 B 样条估计方法，高斯强逼近、随机过程的弱收敛，以及时间序列的混合性质等多种技巧和工具。本书提出的方法适用于经济、生物、环境等诸多领域的实际数据，展现了本书成果对相关领域产业应用的重要意义，很好地体现了现代统计学研究方向的交叉性质。本书结构框架清晰，学术表达专业严谨，写作规范，希望能够给相关领域的研究带来一定的启示。

杨立坚

2023 年 8 月

摘　要

时间序列模型广泛应用于计量经济学、金融学、生物统计学、工业计量学等领域。本书主要研究了复杂时间序列的理论性质和实际应用，包括对时间序列的分布函数、函数型时间序列，以及局部平稳时间序列多步向前预测区间的统计推断。

关于时间序列的分布函数，本书从时间序列的实现中简单随机抽样，构造了基于核分布函数和经验分布函数的柯尔莫哥洛夫-斯米尔诺夫类型的同时置信带。最终构造的所有同时置信带与基于独立同分布样本构造出的同时置信带相比，有相同的柯尔莫哥洛夫-斯米尔诺夫极限分布，该结果在多个时间序列的模拟实验中得到了验证。实证中检验了标准普尔 500 指数股票从 1950 年至 2018 年日收益率的分布函数，发现自由度大于等于 3 的学生分布或经过调节的正态分布都是其可能的分布。这些发现对长期以来认为股票每日回报率数据分布是重尾和尖峰态的观点提出了挑战。

对于具有无穷滑动平均结构的平稳函数型时间序列，本书研究了其均值函数的统计推断。本书用 B 样条估计了按照时间顺序排列的轨迹，并用其构造了均值函数的两步估计量。在较为一般的假设条件下，B 样条估计量具有“默示有效”的渐近最优性，即它渐近等价于一个“不可获得”的估计量：基于无测量误差的真实轨迹估计的样本均值。这种“默示有效性”允许本书构造出渐近正确的均值函数的同时置信带。模拟结果充分证实了渐近理论。该方法为脑电图序列“可能具有三角级数形式的均值函数”这一假设提供了强有力的证据。

为了构建局部平稳时间序列多步向前的预测区间，本书将等距设计的非参数回归模型扩展到时间序列上。本书提出用 B 样条方法估计趋势函数，用核光滑方法估计方差函数，在拟合误差的自回归模型并获得预测残差的分位数后，建立起多步向前的未来观测的预测区间。该方法在数值模拟和西安市 8 年每日空气污染物浓度的数据实例中得到了验证。最终结果表明，本书提出的方法因更高的预测精度和更广泛的适用性而优于其他方法。

关键词：同时置信带；函数型时间序列；预测区间；核光滑；B 样条

Abstract

Time series are widely used in econometrics, finance, biostatistics, industrial metrology and other fields. This book studies the theoretical property and practical application of complex time series, including statistical inference for the distribution function of time series, functional time series and multi-step-ahead prediction interval of locally stationary time series.

For the distribution function of time series, its Kolmogorov-Smirnov type simultaneous confidence bands (SCBs) are proposed based on simple random samples (SRSs) drawn from realizations of time series, together with smooth SCBs using kernel distribution estimator (KDE) instead of empirical cumulative distribution function of the SRS. All SCBs are shown to enjoy the same limiting distribution as the standard Kolmogorov - Smirnov for I.I.D. sample, which is validated in simulation experiments on various time series. Computing these SCBs for the standardized S&P 500 daily returns data leads to some rather unexpected findings, i.e., student's t-distributions with degrees of freedom no less than 3 and the normal distribution are all acceptable versions of the standardized daily returns series' distribution, with proper rescaling. These findings present challenges to the long held belief that daily financial returns distribution is fat-tailed and leptokurtic.

For stationary functional time series data with infinite moving average structure, statistical inference for its mean function is investigated. B-spline estimation is proposed for the temporally ordered trajectories of the functional moving average (FMA), which are used to construct a two-step estimator of the mean function. Under mild conditions, the B-spline mean estimator enjoys oracle efficiency in the sense that it is asymptotically equivalent to the infeasible estimator which is the sample mean of all trajectories observed entirely without errors. This oracle efficiency allows for the construction of SCB for the mean function which is asymptotically correct. Simulation results strongly corroborate the asymptotic theory. Using the SCB to analyze an electroencephalogram time series reveals strong evidence of trigonometric form mean function.

To construct multi-step-ahead prediction interval of locally stationary time series, the nonparametric regression model with auto-regressive errors for equally spaced design is extended to the time series setup. A B-spline estimator for the trend function as well as a kernel estimator for the variance function are proposed. Prediction interval of multi-step-ahead future observation is also constructed after fitting the auto-regressive model of errors and obtaining the quantile of prediction residuals. The proposed method is illustrated by various simulation studies and an example of air pollutants data, which contains 8 years of daily air pollutants concentration in Xi'an. Final results demonstrate that the proposed method outperforms others for its higher prediction accuracy and wider applicability.

Key Words: simultaneous confidence band; functional time series; prediction interval; kernel smoothing; B-spline

目　录

第 1 章　引言 ········ 1
1.1　非参数统计方法 ········ 1
1.2　时间序列的分布函数 ········ 2
1.3　函数型时间序列 ········ 4
1.4　时间序列的预测区间 ········ 6
1.5　内容和结构 ········ 8
第 2 章　时间序列分布函数的同时置信带 ········ 10
2.1　主要结果 ········ 13
2.2　实施方法 ········ 15
2.3　数值模拟 ········ 16
2.3.1　基本数值模拟 ········ 16
2.3.2　与参数型同时置信带的比较 ········ 20
2.4　实际数据分析 ········ 24
2.5　证明 ········ 25
2.5.1　预备引理 ········ 26
2.5.2　定理 2.1 的证明 ········ 27
2.5.3　定理 2.2 所用引理及证明 ········ 28
第 3 章　函数型时间序列的统计推断 ········ 33
3.1　B 样条估计量及其渐近理论 ········ 35
3.2　分解 ········ 38
3.3　实施方法 ········ 40
3.3.1　节点数选择 ········ 40

3.3.2 协方差估计 …… 40
3.3.3 分位数估计 …… 41
3.4 数值模拟 …… 41
3.5 实际数据分析 …… 44
3.6 证明 …… 46
3.6.1 预备引理 …… 46
3.6.2 定理 3.1 的证明 …… 56
3.6.3 定理 3.2 的证明 …… 59

第 4 章 局部平稳时间序列的多步向前预测区间 …… 61
4.1 预测区间的构造方法 …… 62
4.1.1 估计趋势函数 $m(\cdot)$ …… 62
4.1.2 估计方差函数 $\sigma^2(\cdot)$ …… 63
4.1.3 自回归系数估计 …… 63
4.1.4 建立 Y_{T+k} 的预测区间 …… 63
4.2 实施方法 …… 65
4.3 数值模拟 …… 66
4.4 实证分析 …… 73
4.4.1 探索性数据分析 …… 73
4.4.2 基于季节性 ARIMA 模型预测空气污染物浓度 …… 76
4.4.3 基于所提出的方法预测空气污染物浓度 …… 79

第 5 章 工作总结与未来展望 …… 84

参考文献 …… 85

在学期间完成的相关学术成果 …… 89

致谢 …… 90

Contents

Chapter 1 Introduction ········ 1

1.1 Nonparametric Statistical Methods ········ 1

1.2 Distribution Function of Time Series ········ 2

1.3 Functional Time Series ········ 4

1.4 Prediction Intervals for Time Series ········ 6

1.5 Content and Structure ········ 8

Chapter 2 SCBs for Time Series Distribution Function ········ 10

2.1 Main Results ········ 13

2.2 Implementation ········ 15

2.3 Simulation ········ 16

2.3.1 General Simulation Studies ········ 16

2.3.2 Comparison with Parametric SCB ········ 20

2.4 Real Data Analysis ········ 24

2.5 Proof ········ 25

2.5.1 Preliminary Results ········ 26

2.5.2 Proof of Theorem 2.1 ········ 27

2.5.3 Proof of Theorem 2.2 ········ 28

Chapter 3 Statistical Inference for Functional Time Series ········ 33

3.1 B-spline Estimator and Its Asymptotic Properties ········ 35

3.2 Decomposition ········ 38

3.3 Implementation ········ 40

3.3.1 Knots Selection ···· 40
3.3.2 Covariance Estimation ···· 40
3.3.3 Estimating the Percentile ···· 41
3.4 Simulation ···· 41
3.5 Real Data Analysis ···· 44
3.6 Proof ···· 46
3.6.1 Preliminary Results ···· 46
3.6.2 Proof of Theorem 3.1 ···· 56
3.6.3 Proof of Theorem 3.2 ···· 59

Chapter 4 Multi-step-ahead Prediction Interval for Locally Stationary Time Series ···· 61
4.1 Methodology ···· 62
4.1.1 Estimating the Trend Function $m(\cdot)$ ···· 62
4.1.2 Estimating the Variance Function $\sigma^2(\cdot)$ ···· 63
4.1.3 Autoregressive Coefficients Estimation ···· 63
4.1.4 Constructing PI for Y_{T+k} ···· 63
4.2 Implementation ···· 65
4.3 Simulation ···· 66
4.4 Real Data Analysis ···· 73
4.4.1 Pre-analysis Exploration ···· 73
4.4.2 Forecasts of Air Pollutants Concentration from Seasonal ARIMA Model ···· 76
4.4.3 Forecasts of Air Pollutants Concentration by the Proposed Method ···· 79

Chapter 5 Summary and Future Prospects ···· 84

References ···· 85

Relevant Academic Achievements ···· 89

Acknowledgements ···· 90

第 1 章　引　言

时间序列分析是统计学中的一个重要研究方向，其在经济金融、生物医学、环境和工业等领域有着广泛的应用。本书主要研究了复杂时间序列的理论性质和预测方法，包括对时间序列分布函数、函数型时间序列，以及时间序列预测区间的统计推断。

本书在研究以上三个问题时均使用了非参数统计方法，下文先简要介绍一些非参数统计的基础知识，再分别介绍本书研究内容的具体背景、现有模型和现有方法的不足。

1.1　非参数统计方法

非参数回归是估计未知函数的一种重要方法。与传统的参数方法相比，它无需事先假设回归函数的形式，能更好地从实际出发，拟合复杂函数，刻画非线性关系，提高了统计模型的适应性。常用的非参数分析方法有核光滑法和样条光滑法。核光滑法主要包括 Nadaraya-Watson 估计和局部多项式估计，它们都是局部加权平均值的估计方法。而样条光滑法中的样条估计量是一种全局的估计量，通过一次计算优化即可得到。B 样条因其易于计算和概念简单，广泛用于非参数统计中，详见 De Boor[1] 和 Lorentz 等[2] 的文献。下面对 B 样条进行简单介绍。

为了描述 B 样条函数，定义 $\{t_\ell\}_{\ell=1}^{J_s}$ 为一个等距点序列，其中 $t_\ell = \ell/(J_s+1)$，$0 \leqslant \ell \leqslant J_s+1$。$0 = t_0 < t_1 < \cdots < t_{J_s} < 1 = t_{J_s+1}$ 为内部节点，它把 $[0,\ 1]$ 分成了 (J_s+1) 个相等的子区间，$I_\ell = [t_\ell,\ t_{\ell+1})$，$\ell = 0,\ \cdots,\ J_s-1$ 且 $I_{J_s} = [t_{J_s},\ 1]$。令 $\mathcal{H}^{(p-2)} = \mathcal{H}^{(p-2)}[0,\ 1]$ 为 I_ℓ，$\ell = 0,\ \cdots,\ J_s$ 上的多项式样条空间。它包含所有在子区间 I_ℓ 上

是 $(p-1)$ 次多项式且在 $[0,1]$ 上是 $(p-2)$ 次连续可微的函数。定义 $\{B_{\ell,p}(\cdot), 1 \leqslant \ell \leqslant J_s+p\}$ 为 $\mathcal{H}^{(p-2)}$ 空间的 p 阶 B 样条基函数，所以 $\mathcal{H}^{(p-2)} = \left\{ \sum_{\ell=1}^{J_s+p} \lambda_{\ell,p} B_{\ell,p}(\cdot) \middle| \lambda_{\ell,p} \in \mathbb{R} \right\}$。通过估计系数 $\lambda_{\ell,p}$ 就可以在 $\mathcal{H}^{(p-2)}$ 空间上找到对未知函数的最佳逼近。

本书对函数的统计推断进行了多次研究，不同于单点随机变量使用的置信区间，这里使用的工具为同时置信带（simultaneous confidence band, SCB）。从动态的角度看，同时置信带被视作一个可移动的置信区间在未知函数定义域上滑动后的轨迹，刻画了未知函数整体的变化性，从而可以对未知函数进行全局的统计推断。同时置信带被广泛应用于统计学不同的研究领域中，其中包括非参数回归（Song 等[3]、Wang 等[4]、Wang[5]、Cai 等[6]、Zhang 等[7]）、半参数降维（Gu 等[8]、Zheng 等[9]）、函数型数据分析（Cardot 等[10]、Degras[11]、Cao 等[12]、Ma 等[13]、Cardot 等[14]、Song 等[15]、Zheng 等[16]、Gu 等[17]、Cao 等[18]、Choi 等[19]、Wang 等[20]、Yu 等[21]）、时间序列误差的分布函数的估计（Wang 等[22]、Kong 等[23]）。

1.2 时间序列的分布函数

随机变量的概率分布函数包含关于随机变量充足的信息，例如股票收益回报率的分布函数。概率分布通常由峰度、对称性、正态性和重尾性等衡量，但存在很多未被证实的说法。其中一种说法是股票收益回报率的分布函数是重尾且尖峰态的，因为它的经验分布“看起来”不像是正态的，其样本峰度远大于 3，并且经典的正态性检验会得到“拒绝”的结论。

以图 1.1 所示的 1950 年 1 月 3 日到 2018 年 8 月 28 日的标准普尔 500 指数股票每日收益回报率为例。这个长度为 17276 的时间序列显然不是平稳的，它在最近 10 年内的变化幅度更大。通过调整方差趋势将其标准化 (变成平稳序列) 并进行进一步分析，见图 1.2。图 1.3 展示了标准化后平稳序列的经验分布函数和 99%柯尔莫哥洛夫-斯米尔诺夫 (Kolmogorov-Smirnov) 同时置信带，以及均值和方差分别等于样本均值和样本方差的正

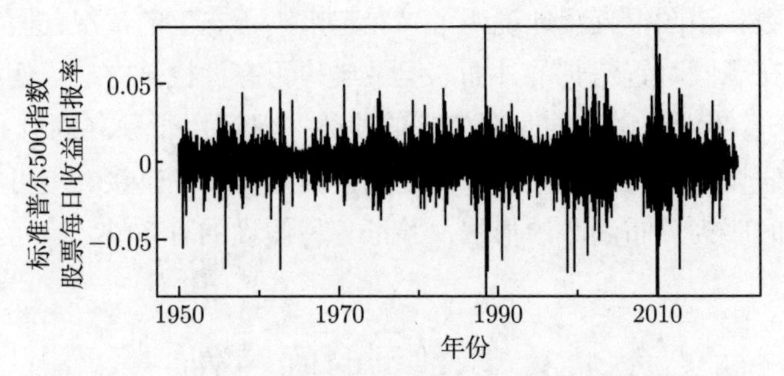

图 1.1 标准普尔 500 指数股票每日收益回报率的散点图

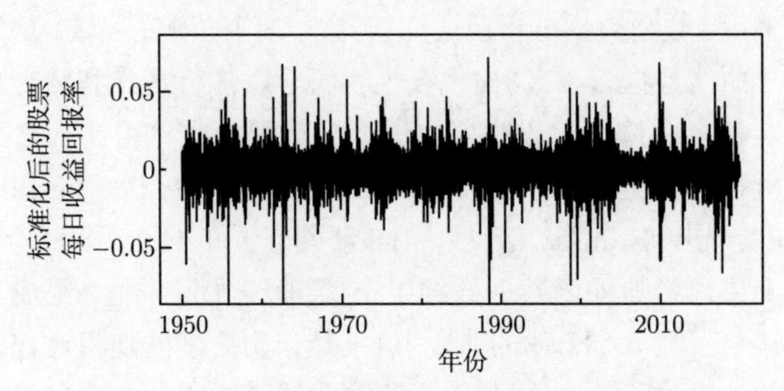

图 1.2 标准化后的股票每日收益回报率的散点图

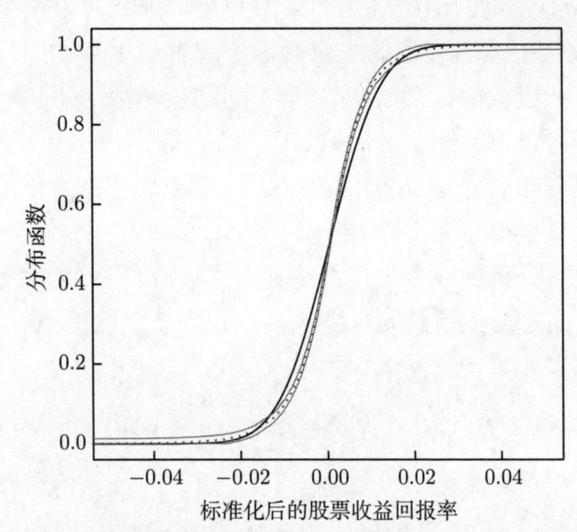

图 1.3 标准化后的股票收益回报率的经验分布函数，99%柯尔莫哥洛夫-斯米尔诺夫同时置信带，以及正态分布函数（前附彩图）

蓝色虚线是经验分布函数，红色实线是 99%的柯尔莫哥洛夫-斯米尔诺夫同时置信带，黑色实线是均值和方差等于样本均值和样本方差的正态分布函数。

态分布函数。该图很直观地说明了“看起来不正态”的情况，因为正态分布函数落在了同时置信带的外面。但经典的正态性检验方法，例如基于柯尔莫哥洛夫-斯米尔诺夫同时置信带的检验，仅适用于独立同分布的观测，而独立性假设对时间序列是难以满足的，因此需要更直接、更可靠的方法来检验时间序列分布函数的形状，验证各种假设的有效性。

1.3 函数型时间序列

近年来，函数型数据分析已成为统计学热门的研究领域。函数型数据也被称作“曲线数据”，广泛出现在生物医学、流行病学和社会科学等研究中，由对每个个体在一段时期内进行多次观测收集得到。它把多元数据统计分析扩展到更复杂、信息量更大的曲线数据分析（Ferraty 等[24]、Silverman 等[25]、Ramsay 等[26]、Hsing 等[27] 和 Kokoszka 等[28]）。从数学领域上讲，经典的函数型数据由 n 条曲线 $\{\eta_t(\cdot)\}_{t=1}^n$ 组成，对应 n 个个体。其中，第 t 个个体的曲线 $\eta_t(\cdot)$ 是一个连续的随机过程，并且和一个标准的随机过程 $\eta(\cdot)$ 同分布。这些曲线 $\{\eta_t(\cdot)\}_{t=1}^n$ 扮演着与经典统计中单变量或多变量的随机观测相同的角色，因此可以根据这些随机曲线预测其他数值型或名义型的响应变量，或者在更基本的层面研究这些曲线的位置和尺度参数。后者包含 $\eta(\cdot)$ 的均值函数 $m(\cdot)=\mathbb{E}\{\eta(\cdot)\}$，方差函数 $G(x, x')=\mathrm{Cov}\{\eta(x), \eta(x')\}$。Cao 等[12,18] 和 Zheng 等[16] 基于不同的极限分布研究了 $m(\cdot)$ 和 $G(\cdot, \cdot)$ 逐点的正态置信区间和同时置信带。

函数型数据分析的很多工作都是基于“原始的”函数型数据 $\{Y_{tj}\}$ 开展的。其中，Y_{tj} 代表第 t 条曲线 $\eta_t(\cdot)$ 在第 j 个位置 X_{tj} 上的观测值，并且带有观测误差 $\sigma(X_{tj})\varepsilon_{tj}$，即

$$Y_{tj}=\eta_t(X_{tj})+\sigma(X_{tj})\varepsilon_{tj}, \quad 1\leqslant t\leqslant n, \quad 1\leqslant j\leqslant N_t \tag{1.1}$$

所以离散的原始数据不是“光滑数据”$\{\eta_t(\cdot)\}_{t=1}^n$ 的集合。在稠密观测的情况下，曲线 $\{\eta_t(\cdot)\}_{t=1}^n$ 能够被一一估计，产生和 $\{\eta_t(\cdot)\}_{t=1}^n$ 很像的估计量。具体来说，“原始数据”有以下形式：

$$Y_{tj}=\eta_t\left(\frac{j}{N}\right)+\sigma\left(\frac{j}{N}\right)\varepsilon_{tj}, \quad 1\leqslant t\leqslant n, \quad 1\leqslant j\leqslant N \tag{1.2}$$

其中，N 和 n 都趋向于无穷。Cao 等[12] 得到了样条估计量 $\{\widehat{\eta}_t(\cdot)\}_{t=1}^n$，被称作“伪光滑数据”，它在数据分析中可以代替 $\{\eta_t(\cdot)\}_{t=1}^n$。不失一般性，假设函数 $\eta(\cdot)$ 和 $\{\eta_t(\cdot)\}_{t=1}^n$ 都定义在 $[0,\ 1]$ 上，$G(\cdot,\ \cdot)$ 定义在 $[0,\ 1]^2$ 上。曲线 $\{\eta_t(\cdot)\}_{t=1}^n$ 可被分解为 $\eta_t(x) = m(x) + \xi_t(x)$，其中，$m(\cdot)$ 在 $[0,\ 1]$ 上连续，$\xi_t(x)$ 是 x 在第 t 条曲线上的一个小范围变化，可视作一个样本路径连续的随机过程，且 $\mathbb{E}\xi_t(x) = 0$，$\mathbb{E}\max_{x\in[0,\ 1]}\xi_t^2(x) < \infty$，协方差函数 $G(x,\ x') = \mathrm{Cov}\{\xi_t(x),\ \xi_t(x')\}$。

根据 Hsing 等[27] 的结论，存在 $G(\cdot,\ \cdot)$ 的特征值 $\lambda_1 \geqslant \lambda_2 \geqslant \cdots \geqslant 0$，满足 $\sum\limits_{k=1}^{\infty}\lambda_k < \infty$，相应的特征函数 $\{\psi_k\}_{k=1}^{\infty}$ 组成了 $L^2[0,\ 1]$ 空间的一组正交基，使得 $G(x,\ x') = \sum\limits_{k=1}^{\infty}\lambda_k\psi_k(x)\psi_k(x')$，$\int G(x,\ x')\ \psi_k(x')\,\mathrm{d}x' = \lambda_k\psi_k(x)$。随机过程 $\eta(x)$，$x \in [0,\ 1]$，具有著名的 Karhunen-Loève L^2 展开形式：$\eta(x) = m(x) + \sum\limits_{k=1}^{\infty}\xi_k\phi_k(x)$，其中随机系数 $\{\xi_k\}_{k=1}^{\infty}$ 称作“函数型主成分”（functional principle components，FPC）得分，它们是均值为 0、方差为 1 的随机变量。调节过的特征函数 ϕ_k 即被称作“函数型主成分”，且对于 $k \geqslant 1$，$\phi_k = \sqrt{\lambda_k}\psi_k$。

估计均值函数通常是函数型数据分析的第一步，Ma 等[13] 和 Zheng 等[16] 研究了稀疏型函数型数据均值函数的渐近理论和应用，Cao 等[12] 研究了稠密型函数型数据均值函数的同时置信带。Cao 等[12] 和 Cao 等[18] 的研究中存在的一个明显缺点是假设每条曲线上的观测数量被曲线数量所控制，即对于某些 $\theta > 0$，$N = \mathcal{O}(n^\theta)$。这种约束实际上是不合理的，它限制了每条曲线有更密集的观测，而研究者总希望有更大的观测数量 N。因为无论曲线数量 n 是大还是小，更大的 N 都意味着测量精度的提高（考虑极限情况 $N = \infty$，即观测点在整个范围内任意密集）。所以将假设改为更合乎逻辑的 $n = \mathcal{O}(N^\theta)$，也即 n 的增长速度取决于由 N 设定的精度水平。

目前，很多已有工作都限制 $\{\eta_t(\cdot)\}_{t=1}^n$ 是随机过程 $\eta(\cdot)$ 的独立同分布的样本，这显然不符合函数型时间序列的情况。一个有趣的例子是闭眼静息态下连续测量的脑电图信号数据。被试者要接受 5min 的测试，从头部 32 个不同位置上以 1000Hz 的频率收集脑电图信号。把第 6 个位置上的脑电图信号连续分成 400 段，每段包含间隔为 0.001s 的 $N = 500$ 个脑电图信号。图 1.4 展示了从 400 条光滑曲线 $\{\widehat{\eta}_t(\cdot)\}_{t=1}^{400}$ 中随机抽取的 5 个“伪光滑数据”。

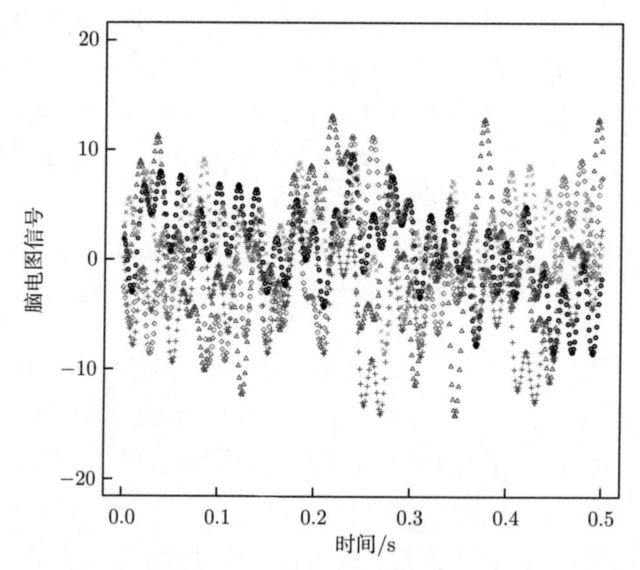

图 1.4 脑电图信号时间序列中的 5 条光滑曲线（前附彩图）

Horvath 等[29] 提出了检验存在时间相关性的函数型数据的两样本均值函数是否相等的方法，但前提是所有 $\{\eta_t(\cdot)\}_{t=1}^{n}$ 能被完整观测。Chen 等[30] 建立了函数型时间序列均值函数的同时置信带，但其理论证明存在两大问题。首先，它要求正特征值的数量是有限的，限制了其适用范围。其次，它没有对函数型主成分得分做出明确的假设，特别是其要求的自然独立条件不能保证所有函数型主成分得分 ξ_k，$k=1$，2，$\cdots$ 的独立性，但所有函数型主成分得分的独立性是保证 ξ_{tk} 部分和高斯强逼近结论成立的重要条件。只有所有的 ξ_{tk}，$k=1$，2，$\cdots$，k_n 是联合独立的，才能保证它们的线性组合也是高斯分布的。因此，需要更可靠、更合适的方法来解决函数型时间序列均值函数的估计问题。

1.4 时间序列的预测区间

预测是时间序列分析中的一项重要内容，其在环境学、经济学和其他学科有广泛的应用。预测区间（prediction interval）指对未来观测以一定概率落入的区间的估计，是实现统计推断的一种有效工具（Brockwell 等[31] 和 Fan 等[32]）。

最近许多论文研究了不同时间序列模型的预测区间。特别地，Thombs 等[33] 将非参数自助法运用于自回归的预测中。Wang 等[22] 和 Kong 等[23] 基于使用 Yule - Walker 方法估计自回归系数后得到的残差，分别提出了自回归时间序列中关于未观测到误差的分布函数的核估计量，以及多步向前预测误差的分布函数的核估计量。上面三篇文章都成功地建立了多步向前的预测区间，但只是基于简单的 AR(p) 模型，远不够拟合大部分实际数据。Aneiros-Pérez 等[34] 从非参数角度，即基于同方差和自助法残差，使用函数型数据的方法处理时间序列预测。De Livera 等[35] 将 Box-Cox 变换、具有时变系数的傅里叶表示运用到复杂的季节性时间序列中，并在正态误差的假设下得到了单点预测和预测区间的解析表达式。尽管上述模型的统计推断理论已经发展成熟，但预测效果在不同场景中表现各异。有时这些模型不足以解释某些数据的复杂结构，存在由模型误设而引起的估计量非光滑的风险。此外，这些模型通常严格假设短期预测中的残差分布是正态或渐近正态的，导致在实际数据分析中可能会出现比正常情况更宽的预测区间，详见 4.4 节。

为了解决上述问题，更实际的做法是假设一个缓慢变化的随机结构，即局部平稳模型，见 Dahlhaus[36] 的文献。Dette 等[37] 提出了有光滑变化趋势的局部平稳过程的高维协方差矩阵的估计量，并用该统计量得到了非平稳时间序列相合的预测量。该文提出的预测量不依赖于拟合一个自回归模型或者衰减的趋势，而是更多地关注单点预测，不是预测区间。目前，关于局部平稳时间序列预测区间的文献很少，唯一的一篇出自 Das 等[38]。该文章在模型无关和模型依赖两种情况下，建立了局部平稳时间序列的一步向前预测和置信区间。他们使用自助法构造预测区间，从而缺乏对误差分布函数的估计，未能建立多步向前的预测区间。

值得注意的是，一些常用的模型检验方法（如留一法和交叉验证法）在时间序列的框架下会失效，因为时间序列中的变量存在时序相关性，测试集和训练集不能随意拆分。而衡量预测区间的表现是一种很好的替代方法。正如 Kong 等[23] 所指出，一个“理想”的置信区间需满足以下要求：首先它应该是准确的，即预测区间中包含未知量的概率应该接近于设

定的置信水平 $1-\alpha$；其次，它应具备有效性，即区间足够窄，能有效确定未知量的范围。因此，可以通过比较预测区间对测试集中真实值的覆盖率或者探究预测区间的长度和边界来评价预测区间的表现。

1.5 内容和结构

本书主要研究了时间序列分布函数的同时置信带的构造、平稳函数型时间序列均值函数的统计推断，以及局部平稳时间序列多步向前预测区间的构造。具体内容如下：

第 2 章提出了基于从时间序列中简单随机抽样，构造其分布函数的核分布函数和经验分布函数的柯尔莫哥洛夫-斯米尔诺夫类型的同时置信带；证明了该同时置信带和基于独立同分布样本的同时置信带极限分布相同，从而可以用来检验关于时间序列分布函数的各种假设。该方法理论可靠，易于实施，具有广泛的应用价值。在数值模拟中，研究了不同置信带在不同时间序列情形下的表现，结果表明本书提出的置信带都具有良好的渐近性质。最后，给出了基于标准普尔 500 指数股票每日回报率时间序列数据的实证案例，研究表明在显著性水平为 0.05 的情况下，其分布函数可能是正态的，也可能是自由度大于或等于 3 的学生分布。

第 3 章研究了函数型时间序列的统计推断问题。曲线之间的时间相依性被建模为取值在 L^2 空间上的序列的移动平均。在关于函数型主成分得分和测量误差的基本矩条件假设下，证明了均值函数 B 样条估计量的默示有效性，从而推导出同时置信带。数值模拟有力地证明了渐近理论，并用该方法分析了一个脑电图信号序列，发现均值函数的三角级数估计量可以被低置信水平的同时置信带完全包含，表明脑电图信号序列的均值函数实际上用傅里叶级数表示。

第 4 章基于局部平稳时间序列的框架，研究了多步向前观测的预测方法和相应预测区间的构造。先用样条回归估计趋势函数和核回归估计方差函数对所得的近似平稳序列拟合自回归模型，再用核分布方法估计其误差的分位数后，得到了带趋势项的自回归时间序列的数据驱动多步向前预测区间。相比于季节性差分整合移动平均自回归等传统方法产生的预测区间，本书提出的方法得到的预测区间不仅长度更窄，还具有更好的预测精度和覆盖率。最后，分析了西安市 8 年每日空气污染物浓度的数据，结果表明本书方法因更高的预测精度有更广泛的适用性。

第 5 章总结了全书的工作，并展望了未来可能的研究方向。

第 2 章　时间序列分布函数的同时置信带

首先考虑一个取实数值的时间序列 $\{x_t\}_{t=1}^N$，其中 N 代表样本个数，且 x_t 是连续型随机变量，比如每日股票收益回报率数据或每月的交通事故数。x_t 的平稳分布函数 $F(\cdot)$ 提供了统计推断的有用信息，可以通过下面的经验累积分布函数（cumulative distribution function，CDF）来估计未知的连续分布函数 $F(\cdot)$：

$$F_N(x) = N^{-1}\sum_{t=1}^{N} I(x_t \leqslant x),\quad x \in \mathbb{R}$$

随着 N 趋近于 ∞，估计量 $F_N(\cdot)$ 以 $N^{-1/2}$ 的速度收敛到 $F(\cdot)$，但极限过程的分布不仅和 $F(\cdot)$ 有关，还和 $\{I(x_t \leqslant x)\}_{t=1}^N$ 的自协方差结构有关。所以不可能通过 $F_N(\cdot)$ 来构造关于 $F(\cdot)$ 与分布无关的柯尔莫哥洛夫-斯米尔诺夫型同时置信带。为了克服这个困难，从时间序列 $\{x_t\}_{t=1}^N$ 中简单随机抽样出 X_1，X_2，$\cdots$，X_n ，且 $n \ll N$。定义经验分布函数 $F_n(x)$ 为

$$F_n(x) = n^{-1}\sum_{i=1}^{n} I(X_i \leqslant x),\quad x \in \mathbb{R}$$

假设观测 X_1，X_2，$\cdots$，X_n 是独立的，著名的唐斯克定理（Donsker's theorem）将保证在左极右连（cadlag）空间 $\mathcal{D}(-\infty,\ \infty)$ 上，

$$n^{1/2}\{F_n(\cdot) - F(\cdot)\} \xrightarrow{d} B\{F(\cdot)\} \tag{2.1}$$

其中,$B(t)$ 表示布朗桥:$B(t) = W(t) - tW(1)$，$t \in [0,\ 1]$,且 $W(t)$，$0 \leqslant t \leqslant 1$ 是维纳过程 (Wiener process)。那么在 $(1-\alpha)$ 水平下，分布函数 $F(\cdot)$ 经典的柯尔莫哥洛夫-斯米尔诺夫同时置信带是

$$\left[\max\left(F_n(x) - n^{-1/2}L_{1-\alpha},\ 0\right),\ \min\left(F_n(x) + n^{-1/2}L_{1-\alpha},\ 1\right)\right],\quad x \in \mathbb{R}$$

其中，$L_{1-\alpha}$ 是 $B(t)$ 绝对值最大值的 $(1-\alpha)$ 分位数，即

$$\mathbb{P}\left[\sup_{t\in[0,\ 1]}|B(t)|>L_{1-\alpha}\right]=\alpha,\ \forall\alpha\in(0,\ 1) \tag{2.2}$$

表 2.1 列出了一些 $L_{1-\alpha}$ 常用的值。

表 2.1 柯尔莫哥洛夫分布的分位数 $L_{1-\alpha}$

$\alpha=0.01$	$\alpha=0.05$	$\alpha=0.1$	$\alpha=0.2$
1.63	1.36	1.22	1.07

在一些假设下，对于时间序列 $\{x_t\}_{t=1}^{N}$ 中无放回的简单随机抽样样本 X_1，X_2，$\cdots$，X_n，式 (2.1) 在独立或非独立的情况下均成立。把时间序列的实现 x_1，x_2，$\cdots$，x_N 和它的简单随机抽样 X_1，X_2，$\cdots$，X_n 当作来自以 k 为指标的无穷次试验序列，并且有 $N=N_k>n=n_k$，$k=1$，2，$\cdots$，$\lim\limits_{k\to\infty}n_k=\infty$。定义一系列时间序列的实现 $\{\pi_k\}_{k=1}^{\infty}$，$\pi_k=\{x_1,\ x_2,\ \cdots,\ x_{N_k}\}$ 和它们的有限样本分布函数：

$$F_{N_k}(x)=N_k^{-1}\sum_{i=1}^{N_k}I(x_i\leqslant x),\ x\in\mathbb{R} \tag{2.3}$$

以及 X_1，X_2，$\cdots$，X_{n_k} 的经验累积分布函数（empirical cumulative distribution function，ECDF）：

$$F_{n_k}(x)=n_k^{-1}\sum_{i=1}^{n_k}I(X_i\leqslant x),\ x\in\mathbb{R} \tag{2.4}$$

下文将使用 Rosén[39] 的有限样本的渐近理论，建立 $\sup_{x\in\mathbb{R}}|F_{N_k}(x)-F_{n_k}(x)|$ 和 $\sup_{x\in\mathbb{R}}|F(x)-F_{n_k}(x)|$ 的渐近理论，进而在 $F_{n_k}(\cdot)$ 的基础上构造分布函数 $F(\cdot)$ 的柯尔莫哥洛夫-斯米尔诺夫同时置信带。

对于独立同分布的样本，Reiss[40]、Falk[41]、Cheng 等[42] 和最近的 Liu 等[43]、Xue 等[44]、Wang 等[45]、Wang 等[46] 都研究了分布函数光滑的估计量的性质。他们都指出光滑的分布函数估计会更贴合实际，因为光滑的估计量和真实的分布函数有相同的光滑特征，而经验累积分布函数则是一个阶梯函数。$F(\cdot)$ 的核密度估计（kernel density estimation，

KDE）定义为

$$\hat{F}_k(x) = \int_{-\infty}^{x} n_k^{-1} \sum_{i=1}^{n_k} K_h(u - X_i)\,\mathrm{d}u,\ x \in \mathbb{R} \tag{2.5}$$

其中，$h = h_{n_k} > 0$ 是窗宽，K 是一个核函数，并且 $K_h(u) = K(u/h)/h$。在 $\hat{F}_k(\cdot)$ 基础上，可以构造分布函数 $F(\cdot)$ 的光滑同时置信带。定义两个分布函数 $G_1(\cdot)$ 和 $G_2(\cdot)$ 的最大偏差为

$$D(G_1,\ G_2) = \|G_1 - G_2\|_\infty = \sup_x |G_1(x) - G_2(x)| \tag{2.6}$$

定理 2.1 中的有限样本的唐斯克定理表明

$$l_k\{F_{n_k}(\cdot) - F_{N_k}(\cdot)\} \xrightarrow{d} B\{F(\cdot)\}$$

其中，$l_k = \left(n_k^{-1} - N_k^{-1}\right)^{-1/2} = n_k^{1/2}(\mathrm{fpc}_k)^{-1/2}$ 是一个尺度因子，和独立同分布样本中的 $n_k^{1/2}$ 相似，其中 $\mathrm{fpc}_k = 1 - n_k/N_k$，为有限样本修正因子。假设（A4）中的 $n_k = o(N_k)$ 和引理 2.5 可保证 $D(F_{N_k},\ F) = \mathcal{O}_p\left(N_k^{-1/2}\right) = o_p\left(n_k^{-1/2}\right)$ 和 $\lim\limits_{k\to\infty} n_k^{-1/2}/l_k^{-1} = 1$，所以 $l_k\{F_{n_k}(\cdot) - F(\cdot)\}$ 和 $n_k^{1/2}\{F_{n_k}(\cdot) - F(\cdot)\}$ 都依分布收敛到 $B\{F(\cdot)\}$ 。这些事实可以使本章在预先设定置信水平 $(1-\alpha)$ 下，基于 $F_{n_k}(\cdot)$ 构造分布函数 $F(\cdot)$ 的“修正的”和“未修正的”柯尔莫哥洛夫-斯米尔诺夫同时置信带：

$$\left[\max\left(F_{n_k}(x) - l_k^{-1}L_{1-\alpha},\ 0\right),\ \min\left(F_{n_k}(x) + l_k^{-1}L_{1-\alpha},\ 1\right)\right],\ x \in \mathbb{R} \tag{2.7}$$

$$\left[\max\left(F_{n_k}(x) - n_k^{-1/2}L_{1-\alpha},\ 0\right),\ \min\left(F_{n_k}(x) + n_k^{-1/2}L_{1-\alpha},\ 1\right)\right],\ x \in \mathbb{R} \tag{2.8}$$

定理 2.2 证明了 $D\left(F_{n_k},\ \hat{F}_k\right)$ 是 $o_p(l_k^{-1})$ 阶的，从而提出了在置信水平 $(1-\alpha)$ 下，基于 $\hat{F}_k(\cdot)$ 构造分布函数 $F(\cdot)$ 的“修正的”和“未修正的”柯尔莫哥洛夫-斯米尔诺夫同时置信带：

$$\left[\max\left(\hat{F}_k(x) - l_k^{-1}L_{1-\alpha},\ 0\right),\ \min\left(\hat{F}_k(x) + l_k^{-1}L_{1-\alpha},\ 1\right)\right],\ x \in \mathbb{R} \tag{2.9}$$

$$\left[\max\left(\hat{F}_k(x) - n_k^{-1/2}L_{1-\alpha},\ 0\right),\ \min\left(\hat{F}_k(x) + n_k^{-1/2}L_{1-\alpha},\ 1\right)\right],\ x \in \mathbb{R} \tag{2.10}$$

本章内容安排如下：2.1 节介绍了式 (2.7) ~ 式 (2.10) 中定义的四种同时置信带的主要理论结果。2.2 节描述了实施这些同时置信带的具体步骤。数值模拟和标准普尔 500 指数股票每日回报率的分析分别在 2.3 节和 2.4 节中展示。2.5 节给出了本章的所有证明。

2.1　主要结果

本节在较弱的假设下，建立了随机过程 $l_k\left\{F_{n_k}(\cdot)-F_{N_k}(\cdot)\right\}$ 的极限分布，以及 $F_{n_k}(\cdot)$ 和 $\hat{F}_k(\cdot)$、$F_{N_k}(\cdot)$ 和 $F(\cdot)$ 的最大偏差的极限理论。这些渐近结果可以得到推论 2.1 中基于 $F_{n_k}(\cdot)$ 和 $\hat{F}_k(\cdot)$ 构造的关于 $F(\cdot)$ 的四种置信带，见式 (2.7) ~ 式 (2.10)。

对于任意的 $\mu\in(0,1]$ 和非负整数 ν，定义 $C^{(\nu,\mu)}(\mathbb{R})$ 为 ν 阶导数满足 μ 阶赫尔德连续（Hölder continuity）的函数空间，即

$$C^{(\nu,\mu)}(\mathbb{R})=\left\{\varphi:\mathbb{R}\to\mathbb{R}\,\middle|\,\|\varphi\|_{\nu,\mu}=\sup_{x,y\in\mathbb{R},x\neq y}\frac{\left|\varphi^{(\nu)}(x)-\varphi^{(\nu)}(y)\right|}{|x-y|^{\mu}}<+\infty\right\}$$

对于任意 $d>0$ 维的随机变量序列 $\{y_t,t=0,\pm1,\pm2,\cdots\}$，记 $\mathcal{M}_a^b$ 是由 $y_a,\cdots,y_b$ 生成的 σ 域。如果满足

$$\alpha(n):=\sup\left\{|\mathbb{P}(A\cap B)-\mathbb{P}(A)\mathbb{P}(B)|:A\in\mathcal{M}_1^k,B\in\mathcal{M}_{k+n}^{\infty},k\geqslant1\right\}\to0$$

则称该序列是“α-混合的”。

下面是本节所需的基本假设：

（A1）序列 $\{x_t,t=0,\pm1,\pm2,\cdots\}$ 是平稳遍历的时间序列，满足 α-混合条件，且 $\alpha(n)\ll n^{-6-\epsilon}$。

（A2）存在整数 $\nu\geqslant0$ 和 $\mu\in(1/2,1]$，使得 $F\in C^{(\nu,\mu)}(\mathbb{R})$，且 $F(x)$ 在 $x\in\mathbb{R}$ 上是一致连续的。

（A3）$\lim\limits_{k\to\infty}\min(n_k,N_k-n_k)=\infty$。

（A4）$\lim\limits_{k\to\infty}n_k/N_k=0$，即 $\lim\limits_{k\to\infty}\mathrm{fpc}_k=1$。

（A5）窗宽 $h=h_{n_k}>0$ 且 $\lim\limits_{k\to\infty}l_kh_{n_k}^{\nu+\mu}=0\left(\lim\limits_{k\to\infty}n_k^{1/2}h_{n_k}^{\nu+\mu}=0\right)$。

（A6）核函数 $K\in C^{(0)}(\mathbb{R})$，满足 $K(u)=K(-u)$，$\forall u\in\mathbb{R}$；如果 $|u|>1$，$K(u)=0$。它是一个 l 阶的核函数，$l>\nu+\mu$，即它的

矩 $\mu_r(K) = \int K(w) w^r \mathrm{d}w$ 满足对任意整数 r，$0 < r < l$，$\mu_0(K) \equiv 1$，$\mu_l(K) \neq 0$，$\mu_r(K) \equiv 0$。

假设（A3）意味着 n_k 和 $N_k - n_k$ 都趋于无穷，和 Rosén[39] 提出的要求一样，而假设（A2）、假设（A5）和假设（A6）和 Wang 等[45] 中的假设相似。假设（A2）除了要求 $F \in C^{(\nu,\ \mu)}(\mathbb{R})$，还包含了 $F(\cdot)$ 的一致连续性。假设（A6）允许核函数 K 有高于 2 以上的阶，所以 $\nu + \mu$ 可以大于 2。相反，Wang 等[45] 限制了 K 是一个非负的二阶核函数，因此 $\nu = 0$，1，且 $\nu + \mu$ 总小于 2。假设（A4）可以保证 $\lim\limits_{k\to\infty} n_k^{-1/2}/l_k^{-1} = 1$，并且 $F_{N_k}(x) - F(x)$ 渐近趋于 $N_k^{-1/2} B\{F(x)\} = o_p\left(l_k^{-1}\right)$。

下面的定理类似于 Billingsley[47] 中基于独立同分布样本情况的定理 14.3。

定理 2.1 若假设（A1）和假设（A3）成立，则存在和标准布朗桥等价的变式 B_k^*（对任意的 $t \in [0,\ 1]$，$\mathbb{P}\{B_k^*(t) = B(t)\} = 1$），且当 k 趋近于 ∞ 时，$\sup_{x\in\mathbb{R}} |l_k\{F_{n_k}(x) - F_{N_k}(x)\} - B_k^*\{F(x)\}| \xrightarrow{\text{a.s.}} 0$，所以 $l_k\{F_{n_k}(\cdot) - F_{N_k}(\cdot)\} \xrightarrow{d} B\{F(\cdot)\}$。

下面的定理将文献 [45] 中的定理 2.1 拓展到了有限样本的情况。

定理 2.2 若假设（A1）$\sim$ 假设（A6）成立，当 k 趋近于 ∞ 时，式 (2.6) 中定义的最大偏差 $D\left(F_{n_k},\ \hat{F}_k\right)$ 满足 $l_k D\left(F_{n_k},\ \hat{F}_k\right) = o_p(1)$。所以

$$l_k\left\{\hat{F}_k(\cdot) - F_{N_k}(\cdot)\right\} \xrightarrow{d} B\{F(\cdot)\} \tag{2.11}$$

因为 $l_k D(F_{N_k},\ F) \xrightarrow{d} 0$ 且 $n_k^{-1/2}/l_k^{-1} \to 1$，所以

$$\begin{cases} l_k\{F_{n_k}(\cdot) - F(\cdot)\} \xrightarrow{d} B\{F(\cdot)\},\ n_k^{1/2}\{F_{n_k}(\cdot) - F(\cdot)\} \xrightarrow{d} B\{F(\cdot)\} \\ l_k\left\{\hat{F}_k(\cdot) - F(\cdot)\right\} \xrightarrow{d} B\{F(\cdot)\},\ n_k^{1/2}\left\{\hat{F}_k(\cdot) - F(\cdot)\right\} \xrightarrow{d} B\{F(\cdot)\} \end{cases} \tag{2.12}$$

利用定理 2.1 和定理 2.2 可以得到推论 2.1，为式 (2.7) $\sim$ 式 (2.10) 中关于 $F(\cdot)$ 的四种同时置信带提供了理论保障。式 (2.2) 定义了柯尔莫哥洛夫分布的分位数 $L_{1-\alpha}$，其中 $1 - \alpha \in (0,\ 1)$ 是提前预设的置信水平。

推论 2.1 若假设（A1）～ 假设（A6）成立，那么对任意的 $\alpha \in (0,\ 1)$，

$$\begin{cases} \lim\limits_{k\to\infty} \mathbb{P}\left[n_k^{1/2} D\left(F_{n_k},\ F\right) \leqslant L_{1-\alpha}\right] = 1-\alpha \\ \lim\limits_{k\to\infty} \mathbb{P}\left[l_k D\left(F_{n_k},\ F\right) \leqslant L_{1-\alpha}\right] = 1-\alpha \\ \lim\limits_{k\to\infty} \mathbb{P}\left[n_k^{1/2} D\left(\hat{F}_k,\ F\right) \leqslant L_{1-\alpha}\right] = 1-\alpha \\ \lim\limits_{k\to\infty} \mathbb{P}\left[l_k D\left(\hat{F}_k,\ F\right) \leqslant L_{1-\alpha}\right] = 1-\alpha \end{cases}$$

所以，在式 (2.7) ～ 式 (2.10) 中，关于 $F(\cdot)$ 的置信带在渐近意义下都是 $100(1-\alpha)\%$正确的。

2.2 实施方法

本节主要介绍如何基于式 (2.4) 定义的估计量 $F_{n_k}(\cdot)$ 和式 (2.5) 定义的估计量 $\hat{F}_k(\cdot)$ 构造同时置信带。根据推论 2.1，对于样本量 $n_k > 50$，真实分布函数的修正或未修正、光滑或非光滑的同时置信带按照下列方式计算和命名：

式 (2.7) 中的同时置信带，“修正，非光滑”；

式 (2.9) 中的同时置信带，“修正，光滑”；

式 (2.8) 中的同时置信带，“未修正，非光滑”；

式 (2.10) 中的同时置信带，“未修正，光滑”。

使用核函数 $K(u) = 15\left(1-u^2\right)^2 I\{|u| \leqslant 1\}/16$ 来估计 $\hat{F}_k(x)$，其计算方法是：

$$\hat{F}_k(x) = n_k^{-1} \sum_{i=1}^{n_k} \int_{-\infty}^{x} h^{-1} K\left(\frac{u-X_i}{h}\right) \mathrm{d}u$$

其中，$h = \mathrm{IQR} \times l_k^{-2}$，且 IQR 表示 $\{X_1,\ \cdots,\ X_{n_k}\}$ 的四分位距。窗宽 h 自动满足假设（A5），和 Wang 等[45] 使用的窗宽非常相似。

2.3 数值模拟

2.3.1 基本数值模拟

本节展示了基于估计量 $F_{n_k}(\cdot)$ 和 $\hat{F}_k(\cdot)$ 构造的不同种类的同时置信带的表现。时间序列数据 $\{x_t\}_{t=1}^{N}$ 由三个不同的模型生成。第一个是因果高斯 AR(1)，其他的两个也是两步独立的，所以这三个模型都是几何遍历和 α 混合的。

模型 1 数据 $\{x_t\}_{t=1}^{N}$ 是 $\{x_t\}_{t=-\infty}^{\infty}$ 的一部分，且

$$x_t-\phi x_{t-1}=\varepsilon_t，x_t=\sum_{j=0}^{\infty}\phi^j\varepsilon_{t-j}\sim N\left(0，\left(1-\phi^2\right)^{-1}\right)$$

其中,独立同分布的随机误差 $\varepsilon_t\sim N(0，1)\,(t=0，\pm1，\pm2，\cdots，|\phi|<1)$，并且这个无穷序列几乎必然收敛。以上确保了 x_t 有平稳的分布函数:

$$F(x)=\varPhi\left\{\left(1-\phi^2\right)^{1/2}x\right\}$$

其中，$\varPhi(\cdot)$ 是标准正态分布的分布函数。在模拟实验中，参数 ϕ 的取值为 0.2 和 -0.4。

模型 2 数据 $\{x_t\}_{t=1}^{N}$ 是 $\{x_t\}_{t=-\infty}^{\infty}$ 的一部分，且

$$x_t=(\varepsilon_t+\varepsilon_{t-1})/2，x_t\sim \mathrm{Cauchy}\,(0，1)$$

其中，独立同分布的随机误差 ε_t 服从 Cauchy (0，1)，$t=0，\pm1$，±2，$\cdots$。以上确保了 x_t 的平稳的分布函数是

$$F(x)=\pi^{-1}\arctan x+1/2$$

模型 3 数据 $\{x_t\}_{t=1}^{N}$ 是 $\{x_t\}_{t=-\infty}^{\infty}$ 的一部分，且

$$x_t=\varepsilon_t+\theta\varepsilon_{t-1}$$

其中,独立同分布的随机误差 ε_t 服从 $E(0，1)\,(t=0，\pm1，\pm2，\cdots；\theta\in(0，\infty))$。以上确保了 x_t 的平稳的分布函数是

$$F(x)=\left\{1+\left(\mathrm{e}^{-x}-\theta\mathrm{e}^{-x/\theta}\right)(\theta-1)^{-1}\right\}I，x>0$$

在模拟实验中，参数 θ 的取值为 2。

首先，从以上各个模型生成样本量为 N_k 的实现 π_k，然后从 π_k 中无放回简单随机抽样一个样本量为 n_k 的样本 $\{X_{n_1}, X_{n_2}, \cdots, X_{n_k}\}$。简单随机抽样样本量和时间序列的长度分别是 $(n_k, N_k)=(200, 5000)$，(500，15000)，(200，20000)，(500，20000)，构造同时置信带的置信水平为 $1-\alpha=0.99$，0.95，0.90，0.80。表 2.2 ~ 表 2.5 展示了 1000 次重复实验中，真实函数 $F(\cdot)$ 在所有点 $\{x_1, x_2, \cdots, x_{N_k}\}$ 都被同时置信带完全覆盖的频率。主要发现总结如下：

表 2.2　模型 1 的覆盖率（一）

(n_k, N_k)	SCB	0.99		0.95		0.90		0.80	
(200，5000)	l_k^{-1}	0.994	0.993	0.946	0.939	0.901	0.894	0.817	0.797
	$n_k^{-1/2}$	0.995	0.995	0.952	0.951	0.907	0.906	0.832	0.823
(500，15000)	l_k^{-1}	0.989	0.989	0.953	0.951	0.897	0.896	0.815	0.810
	$n_k^{-1/2}$	0.991	0.991	0.961	0.959	0.904	0.903	0.827	0.824
(200，20000)	l_k^{-1}	0.993	0.992	0.956	0.951	0.905	0.901	0.807	0.792
	$n_k^{-1/2}$	0.993	0.992	0.959	0.953	0.910	0.903	0.813	0.797
(500，20000)	l_k^{-1}	0.992	0.992	0.962	0.963	0.927	0.927	0.839	0.833
	$n_k^{-1/2}$	0.995	0.994	0.967	0.967	0.929	0.929	0.845	0.842

模型 1：　$x_t-\phi x_{t-1}=\varepsilon_t$，其中 ε_t 服从 $N(0, 1)$ 且 $\phi=0.2$；左列：基于核密度估计量 $\hat{F}_k$ 构造的光滑的同时置信带，右列：基于经验分布函数 F_{n_k} 构造的非光滑同时置信带；l_k^{-1}（修正的同时置信带），$n_k^{-1/2}$（未修正的同时置信带）。

表 2.3　模型 1 的覆盖率（二）

(n_k, N_k)	SCB	0.99		0.95		0.90		0.80	
(200，5000)	l_k^{-1}	0.984	0.984	0.957	0.951	0.909	0.907	0.827	0.815
	$n_k^{-1/2}$	0.988	0.986	0.963	0.958	0.915	0.910	0.841	0.833
(500，15000)	l_k^{-1}	0.987	0.987	0.951	0.947	0.900	0.899	0.795	0.790
	$n_k^{-1/2}$	0.989	0.988	0.955	0.954	0.906	0.905	0.814	0.811
(200，20000)	l_k^{-1}	0.996	0.993	0.957	0.955	0.916	0.911	0.835	0.819
	$n_k^{-1/2}$	0.996	0.995	0.959	0.956	0.918	0.915	0.837	0.826
(500，20000)	l_k^{-1}	0.990	0.990	0.954	0.952	0.915	0.914	0.832	0.830
	$n_k^{-1/2}$	0.990	0.990	0.960	0.960	0.922	0.920	0.851	0.845

模型 1：　$x_t-\phi x_{t-1}=\varepsilon_t$，其中 ε_t 服从 $N(0, 1)$ 且 $\phi=-0.4$；左列：基于核密度估计量 $\hat{F}_k$ 构造的光滑的同时置信带，右列：基于经验分布函数 F_{n_k} 构造的非光滑同时置信带；l_k^{-1}（修正的同时置信带），$n_k^{-1/2}$（未修正的同时置信带）。

表 2.4 模型 2 的覆盖率（一）

(n_k, N_k)	SCB	0.99		0.95		0.90		0.80	
(200，5000)	l_k^{-1}	0.987	0.986	0.958	0.953	0.911	0.897	0.800	0.786
	$n_k^{-1/2}$	0.991	0.989	0.964	0.959	0.927	0.912	0.825	0.799
(500，15000)	l_k^{-1}	0.994	0.991	0.954	0.948	0.900	0.892	0.780	0.767
	$n_k^{-1/2}$	0.995	0.995	0.962	0.957	0.912	0.904	0.799	0.784
(200，20000)	l_k^{-1}	0.992	0.991	0.953	0.946	0.896	0.884	0.810	0.796
	$n_k^{-1/2}$	0.993	0.991	0.954	0.948	0.900	0.888	0.811	0.802
(500，20000)	l_k^{-1}	0.987	0.986	0.941	0.936	0.893	0.884	0.789	0.781
	$n_k^{-1/2}$	0.988	0.987	0.943	0.942	0.900	0.894	0.802	0.788

模型 2：$x_t = (\varepsilon_t + \varepsilon_{t-1})/2$，$x_t$ 服从 Cauchy (0，1)；左列：基于核密度估计量 $\hat{F}_k$ 构造的光滑的同时置信带，右列：基于经验分布函数 F_{n_k} 构造的非光滑同时置信带；l_k^{-1}（修正的同时置信带），$n_k^{-1/2}$（未修正的同时置信带）。

表 2.5 模型 3 的覆盖率

(n_k, N_k)	SCB	0.99		0.95		0.90		0.80	
(200，5000)	l_k^{-1}	0.986	0.982	0.941	0.936	0.898	0.881	0.805	0.784
	$n_k^{-1/2}$	0.991	0.986	0.951	0.943	0.908	0.898	0.816	0.799
(500，15000)	l_k^{-1}	0.990	0.987	0.939	0.937	0.899	0.889	0.814	0.805
	$n_k^{-1/2}$	0.994	0.993	0.963	0.960	0.918	0.910	0.835	0.827
(200，20000)	l_k^{-1}	0.990	0.988	0.957	0.951	0.904	0.893	0.810	0.784
	$n_k^{-1/2}$	0.990	0.988	0.961	0.951	0.907	0.895	0.816	0.788
(500，20000)	l_k^{-1}	0.988	0.988	0.956	0.953	0.917	0.908	0.824	0.809
	$n_k^{-1/2}$	0.988	0.988	0.960	0.957	0.922	0.916	0.835	0.825

模型 3：$x_t = \varepsilon_t + \theta\varepsilon_{t-1}$，$\varepsilon_t$ 服从 $E(0, 1)$，$\theta = 2$；左列：基于核密度估计量 $\hat{F}_k$ 构造的光滑的同时置信带，右列：基于经验分布函数 F_{n_k} 构造的非光滑同时置信带；l_k^{-1} (修正的同时置信带)，$n_k^{-1/2}$ (未修正的同时置信带)。

（1）整体来看，未修正的同时置信带的覆盖率总是稍高于修正的同时置信带。光滑或者非光滑的同时置信带几乎有相同的覆盖率。与未修正的同时置信带相比，修正的同时置信带有更接近于置信水平的覆盖率。

（2）不同模型、样本量和置信水平的所有分布函数 $F(\cdot)$ 的同时置信带整体表现都很好（覆盖率接近预设的置信水平），这说明本书方法的稳定性好，可被广泛应用。

（3）因为在模拟中 n_k 和 N_k 都比较大，比率 n_k/N_k 对估计和同时置信带的覆盖率影响不大。

为了更直观地展示置信带，图 2.1 显示了不同模型中真实的分布函数 $F(\cdot)$（粗线）、光滑的核分布函数 $\hat{F}_k(\cdot)$ 及其 95%置信带（粗线）、经验分布函数 $F_{n_k}(\cdot)$ 及其 95%同时置信带（虚线）。为了节省空间，这里只展示了 $(n_k, N_k) = (200, 5000)$ 一种情形。其他情形的图也非常相似。从图中可以清楚地看到基于 $F_{n_k}(\cdot)$ 和 $\hat{F}_k(\cdot)$ 构造的同时置信带，以及这些估计量本身几乎都无法区分。对于同样的 5000 总体样本量，当抽样样本量的 n_k 增加或者 l_k^{-1} 降低时，同时置信带往往会变窄。

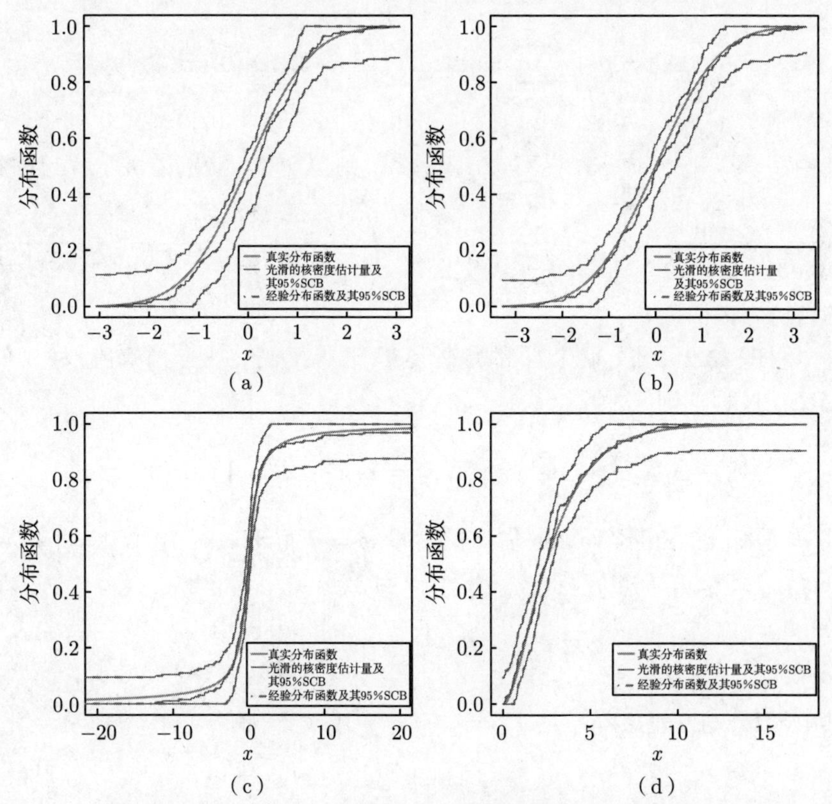

图 2.1　不同模型中的真实的分布函数、光滑的核密度估计量及其修正的 95%同时置信带、经验分布函数及其 95%的同时置信带（前附彩图）

不同模型样本量的 $(n_k, N_k) = (200, 5000)$：(a)、(b) 模型 1，参数 ϕ 分别是 0.2 和 -0.4；(c) 模型 2；(d) 模型 3，参数 $\theta = 2$

2.3.2 与参数型同时置信带的比较

本节通过模拟实验比较了提出的柯尔莫哥洛夫-斯米尔诺夫型同时置信带和参数型同时置信带。据了解，目前还没有其他时间序列分布函数的非参数型同时置信带可与本书的进行对比。

给定时间序列 $\{x_t\}_{t=1}^{N}$，简单地认为其数据由因果高斯 AR(1) 模型生成：

$$(x_t-\mu)-\phi\,(x_{t-1}-\mu)=\varepsilon_t，\ \varepsilon_t\sim \text{I.I.D. } N(0，\sigma^2)$$

引理 2.1 [文献 [31] 的定理 7.1.2] 若 $\{X_t\}_{t=1}^{n}$ 是一个平稳过程，即

$$X_t=\mu+\sum_{j=-\infty}^{\infty}\psi_j\varepsilon_{t-j}，\quad \varepsilon_t\sim \text{I.I.D.}(0，\sigma^2)$$

其中，$\sum\limits_{j=-\infty}^{\infty}|\psi_j|<\infty$，$\sum\limits_{j=-\infty}^{\infty}|\psi_j|\neq 0$，则 $\overline{X}_n$ 是 $\text{AN}(\mu，n^{-1}v)$，其中 $\overline{X}_n=n^{-1}\sum\limits_{t=1}^{n}X_t$，$v=\sum\limits_{h=-\infty}^{\infty}\gamma(h)=\sigma^2\left(\sum\limits_{j=-\infty}^{\infty}\psi_j\right)^2$，且 $\gamma(\cdot)$ 是 $\{X_t\}_{t=1}^{n}$ 的自协方差函数。

引理 2.2 [文献 [31] 的定理 8.1] 若 $\{X_t\}_{t=1}^{n}$ 是一个均值为 0 的 AR(p) 过程，则

$$X_t-\phi_1X_{t-1}-\cdots-\phi_pX_{t-p}=Z_t，\quad Z_t\sim \text{I.I.D.}(0，\sigma^2)$$

且 $\hat{\boldsymbol{\phi}}$ 是 $\boldsymbol{\phi}$ 的 Yule-Walker 估计量，即 $\hat{\boldsymbol{\phi}}=\boldsymbol{\Gamma}_p^{-1}\hat{\boldsymbol{\gamma}}_p$。其中，$\hat{\boldsymbol{\Gamma}}_p=\{\hat{\gamma}(i-j)\}_{i,\ j=1}^{p}$，$\hat{\boldsymbol{\gamma}}_p=(\hat{\gamma}(1)，\cdots，\hat{\gamma}(p))^{\top}$，那么

$$\sqrt{n}\left(\hat{\boldsymbol{\phi}}-\boldsymbol{\phi}\right)\xrightarrow{d}N\left(0，\sigma^2\boldsymbol{\Gamma}_p^{-1}\right)$$

其中，$\boldsymbol{\Gamma}_p$ 是方差矩阵，且 $\boldsymbol{\Gamma}_p=\{\gamma(i-j)\}_{i,\ j=1}^{p}$。有

$$\hat{\sigma}^2\xrightarrow{p}\sigma^2$$

其中，$\hat{\sigma}^2=\hat{\gamma}_0-\hat{\boldsymbol{\phi}}^{\top}\hat{\boldsymbol{\gamma}}_p$。

根据引理 2.1，关于 μ 的 $100(1-\alpha)\%$置信区间是

$$\left[\overline{x}_N-N^{-1/2}(1-\phi)^{-1}\sigma z_{1-\alpha/2}，\ \overline{x}_N-N^{-1/2}(1-\phi)^{-1}\sigma z_{\alpha/2}\right]$$

其中，$\overline{x}_N = N^{-1}\sum\limits_{t=1}^{N} x_t$。引理 2.2 提供了未知参数 ϕ 和 σ^2 的相合估计量：$\hat{\phi} = \hat{\gamma}(1)/\hat{\gamma}(0)$，$\hat{\sigma}^2 = \left(\hat{\gamma}^2(0) - \hat{\gamma}^2(1)\right)/\hat{\gamma}(0)$，其中，

$$\hat{\gamma}(l) = N^{-1}\sum_{t=1}^{n-l}\left(x_t - \overline{x}_N\right)\left(x_{t+l} - \overline{x}_N\right), \quad l = 0，1$$

为了简化记号，记 $\underline{\mu} = \overline{x}_N - N^{-1/2}(1-\hat{\phi})^{-1}\hat{\sigma}z_{1-\alpha/2}$，$\overline{\mu} = \overline{x}_N - N^{-1/2}(1-\hat{\phi})^{-1}\hat{\sigma}z_{\alpha/2}$。因为 $\varPhi(x-\mu)$ 关于 x 单调且关于 μ 呈线性，$F(x)$ 的一个 $100(1-\alpha)\%$参数型置信带为

$$\left[\varPhi\left\{\left(1-\hat{\phi}^2\right)^{1/2}(x-\overline{\mu})\right\}，\varPhi\left\{\left(1-\hat{\phi}^2\right)^{1/2}(x-\underline{\mu})\right\}\right]，x \in \mathbb{R} \tag{2.13}$$

时间序列数据 $\{x_t\}_{t=1}^{N}$ 由两个不同的模型生成。第一个是模型 2，第二个模型如下：

模型 4　数据 $\{x_t\}_{t=1}^{N}$ 是 $\{x_t\}_{t=-\infty}^{\infty}$ 的一部分，且

$$(x_t-\mu)-\phi(x_{t-1}-\mu) = \varepsilon_t, \quad x_t = \mu+\sum_{j=0}^{\infty}\phi^j\varepsilon_{t-j} \sim N\left(\mu，\left(1-\phi^2\right)^{-1}\right)$$

其中，独立同分布的随机误差 ε_t 服从 $N(0，1)$，$t = 0，\pm1，\pm2，\cdots$，$|\phi| < 1$，并且这个无穷序列几乎必然收敛。以上确保了 x_t 有平稳的分布函数：

$$F(x) = \varPhi\left\{\left(1-\phi^2\right)^{1/2}(x-\mu)\right\}$$

其中，$\varPhi(\cdot)$ 是标准正态分布的分布函数。在模拟实验中，参数 ϕ 的取值为 0.2，μ 的取值为 2。

和上文类似，先从以上两个模型生成样本量为 N_k 的实现 π_k，然后从中无放回简单随机抽样一个样本量为 n_k 的样本 $\{X_{n_1}，X_{n_2}，\cdots，X_{n_k}\}$。组合值 $(n_k，N_k)$ 的选取和 2.3.1 节相同。在置信水平分别为 $1-\alpha = 0.99$、0.95、0.90、0.80 的情况下，比较四种柯尔莫哥洛夫-斯米尔诺夫型的同时置信带和参数型同时置信带。

表 2.6 和表 2.7 展示了不同的同时置信带 1000 次重复试验的覆盖率。显然，参数型同时置信带存在严重的模型误设问题，导致模型 2 中的覆盖率偏差极大，见表 2.6。另一方面，柯尔莫哥洛夫-斯米尔诺夫型的同时置信带的覆盖率总比参数型同时置信带更准确，即使在模型正确设定的情况下也是如此，如表 2.7 所示。

表 2.6 模型 2 的覆盖率 (二)

(n_k，N_k)	SCB	0.99		0.95		0.90		0.80	
(200，5000)	l_k^{-1}	0.987	0.986	0.958	0.953	0.911	0.897	0.800	0.786
	$n_k^{-1/2}$	0.991	0.989	0.964	0.959	0.927	0.912	0.825	0.799
	parametric	0		0		0		0	
(500，15000)	l_k^{-1}	0.994	0.991	0.954	0.948	0.900	0.892	0.780	0.767
	$n_k^{-1/2}$	0.995	0.995	0.962	0.957	0.912	0.904	0.799	0.784
	parametric	0		0		0		0	
(200，20000)	l_k^{-1}	0.992	0.991	0.953	0.946	0.896	0.884	0.810	0.796
	$n_k^{-1/2}$	0.993	0.991	0.954	0.948	0.900	0.888	0.811	0.802
	parametric	0		0		0		0	
(500，20000)	l_k^{-1}	0.987	0.986	0.941	0.936	0.893	0.884	0.789	0.781
	$n_k^{-1/2}$	0.988	0.987	0.943	0.942	0.900	0.894	0.802	0.788
	parametric	0		0		0		0	

模型 2：$x_t = (\varepsilon_t + \varepsilon_{t-1})/2$，$x_t$ 服从 Cauchy (0，1)；左列：基于核密度估计量 $\hat{F}_k$ 构造的光滑同时置信带，右列：基于经验分布函数 F_{n_k} 构造的非光滑同时置信带；l_k^{-1}（修正的同时置信带），$n_k^{-1/2}$（未修正的同时置信带），parametric（参数型同时置信带）。

表 2.7 模型 4 的覆盖率

(n_k，N_k)	SCB	0.99		0.95		0.90		0.80	
(200，5000)	l_k^{-1}	0.987	0.987	0.951	0.946	0.900	0.897	0.811	0.802
	$n_k^{-1/2}$	0.989	0.987	0.959	0.952	0.912	0.907	0.829	0.819
	parametric	0.972		0.920		0.885		0.776	
(500，15000)	l_k^{-1}	0.992	0.992	0.957	0.957	0.907	0.904	0.828	0.822
	$n_k^{-1/2}$	0.992	0.992	0.959	0.959	0.921	0.916	0.842	0.839
	parametric	0.970		0.931		0.878		0.763	
(200，20000)	l_k^{-1}	0.995	0.994	0.961	0.957	0.911	0.902	0.828	0.818
	$n_k^{-1/2}$	0.995	0.995	0.961	0.958	0.911	0.906	0.834	0.825
	parametric	0.979		0.932		0.880		0.784	
(500，20000)	l_k^{-1}	0.989	0.989	0.949	0.949	0.905	0.904	0.818	0.813
	$n_k^{-1/2}$	0.991	0.991	0.953	0.950	0.909	0.910	0.830	0.825
	parametric	0.976		0.935		0.877		0.788	

模型 4：$(x_t - \mu) - \phi(x_{t-1} - \mu) = \varepsilon_t$，其中 ε_t 服从 $N(0, 1)$，$\mu = 2$，$\phi = 0.2$；左列：基于核密度估计量 $\hat{F}_k$ 构造的光滑同时置信带，右列：基于经验分布函数 F_{n_k} 构造的非光滑同时置信带；l_k^{-1}（修正的同时置信带），$n_k^{-1/2}$（未修正的同时置信带），parametric（参数型同时置信带）。

为了更直观地展示置信带，图 2.2 和图 2.3 展示了基于样本量 $(n_k, N_k) = (200, 5000)$ 情况下真实的分布函数 $F(\cdot)$（粗线）、参数型 95%同时置信带（虚线）、修正光滑的 95%同时置信带（实线）、修正非光滑的 95%同时置信带（点线）。可以清楚地看到参数型同时置信带在图 2.3 中表现良好，但是在图 2.2 中表现糟糕，主要原因可能是模型 2 的分布函数使用了错误的参数形式。本书的方法具有稳定和计算方便的优点，在实际应用中可靠、高效。

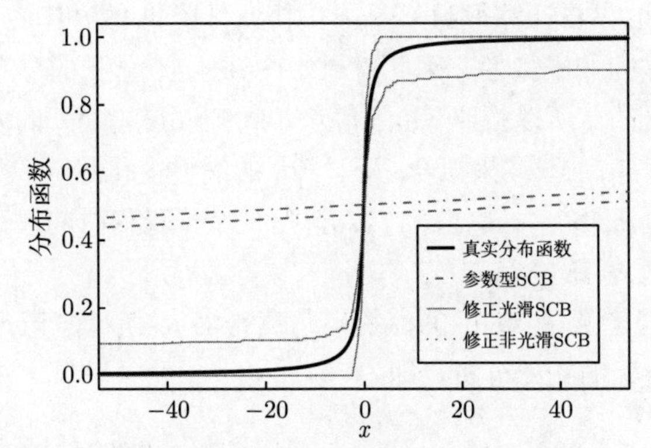

图 2.2　模型 2 修正光滑的、修正非光滑的和参数型 95%的同时置信带（前附彩图）

$(n_k, N_k) = (200, 5000)$

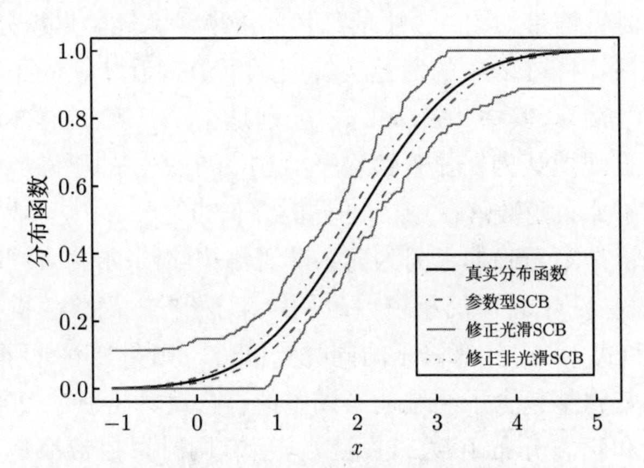

图 2.3　模型 4 修正光滑的、修正非光滑的和参数型 95%的同时置信带（前附彩图）

$(n_k, N_k) = (200, 5000)$，$\phi = 0.2$，$\mu = 2$

2.4 实际数据分析

本节把提出的方法应用于第 1 章讨论过的标准普尔 500 指数股票每日数据中。该数据集从相关网站下载得到，包括了从 1950 年 1 月 3 日到 2018 年 8 月 28 日的观测值，共有 17277 个股票收盘价 SPI_t，$t=0$，$\cdots$，17276。每日回报率可通过 $y_t=\log\left(\mathrm{SPI}_t/\mathrm{SPI}_{t-1}\right)$，$t=1$，$\cdots$，17276 计算得到。图 1.1 中 $\{y_t\}_{t=1}^{17276}$ 的时序图在 68 年中表现出相当明显的非平稳性。因此对原始序列 $\{y_t\}_{t=1}^{17276}$ 的分布做任何分析都是没有意义的。所以按照 Shao 等[48] 和 Zhang 等[49] 的方法，用一个立方样条曲线 $\{g_t\}_{t=1}^{17276}$ 来拟合 $\{y_t^2\}_{t=1}^{17276}$ 的缓慢变化趋势，得到标准化的回报率 $x_t=y_t g_t^{-1/2}$，$1\leqslant t\leqslant 17276$，是一个平稳的时间序列。图 1.2 为 $\{x_t\}_{t=1}^{17276}$ 的时序图。

基于 $\{x_t\}_{t=1}^{17276}$ 构造了 99%的柯尔莫哥洛夫-斯米尔诺夫同时置信带来完成一个特殊的初始分析，即

$$\left[\max\left(F_N(x)-1.63N^{-1/2},\ 0\right),\ \min\left(F_N(x)+1.63N^{-1/2},\ 1\right)\right],\ x\in\mathbb{R}$$

其中，$F_N(x)=N^{-1}\sum\limits_{t=1}^{N}I\left(x_t\leqslant x\right)$，$N=17276$。99%的柯尔莫哥洛夫-斯米尔诺夫同时置信带如图 1.3 中的红色实线所示，经验累积分布函数 F_N 为中间的虚线。图 1.3 中的黑色实线展示了最接近 F_N 的正态分布函数 $\Phi\left\{\left(x-\bar{x}_N\right)/\hat{s}_N\right\}$。其中，$\bar{x}_N$ 和 $\hat{s}_N^2$ 分别是 $\{x_t\}_{t=1}^{17276}$ 的样本均值和样本方差。可以直观地认为在显著性水平 0.01 下，F_N 的正态性假设会被拒绝，因为正态分布函数落在 99%的同时置信带之外。

上述分析是不正确的，因为柯尔莫哥洛夫-斯米尔诺夫同时置信带的计算没有考虑 $\{x_t\}_{t=1}^{17276}$ 的相依性。从 $\{x_t\}_{t=1}^{17276}$ 中简单随机抽样，并基于式 (2.7) 和式 (2.9) 计算修正的同时置信带，如图 2.4 所示。显然，这些同时置信带完整包含了经过适当调整的自由度为 3、4、200 的 t 分布的分布函数和正态分布函数。注意到，所有同时置信带都是可靠的，因为 $n_k=200$、$N_k=17276$ 的组合处于 2.3 节模拟实验里的样本大小范围，结果也令人满意。上述分析得出了令人惊讶的结论，即 $\{x_t\}_{t=1}^{17276}$ 的分布可能是重尾的（例如调整过的自由度为 3、4 的 t 分布），也可能是正

态的。

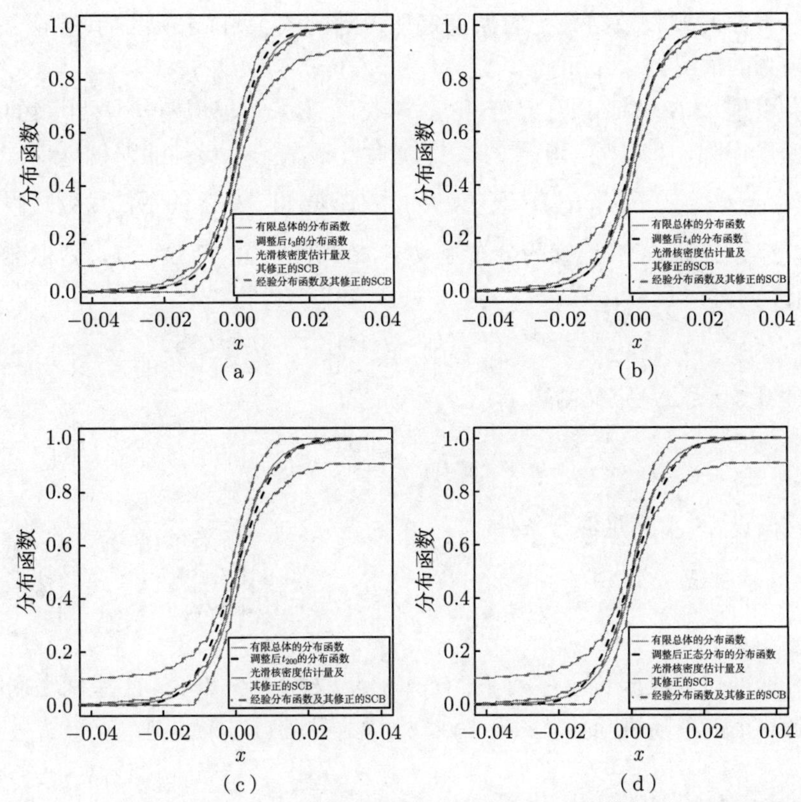

图 2.4　标准化的标准普尔 500 指数股票每日回报率 $\{x_t\}_{t=1}^{17276}$ 的有限总体分布函数 F_N，基于简单随机抽样得到的光滑核密度估计量及其修正的 95%同时置信带，经验分布函数及其修正的 95%同时置信带（前附彩图）

简单随机抽样样本的样本量为 $n=200$。四张图的点线分别是：(a) 调整过的自由度为 3 的 t 分布；(b) 调整过的自由度为 4 的 t 分布；(c) 调整过的自由度为 200 的 t 分布；(d) 正态分布

2.5　证　　明

在本节中，记 c 为一个常数，$\mathcal{O}_p$ (或者 o_p) 表示依概率具有一定阶的随机变量序列。此外，u_p 表示在定义域上 o_p 一致的随机函数序列。对任意定义在区间 $\mathcal{I}$ 的连续函数 ϕ，其连续模定义为 $\omega(\phi,\ \Delta)=\sup_{x,\ x'\in\mathcal{I},\ |x-x'|\leqslant\Delta}|\phi(x')-\phi(x)|$。

2.5.1 预备引理

下面的弱收敛结果把唐斯克定理得到的式 (2.1) 拓展到了强混合时间序列的情况。

引理 2.3 (Deo[50]) 若 $\{\xi_n : -\infty < n < \infty\}$ 是一个严平稳的随机变量序列，$\{F_n(t) : 0 \leqslant t \leqslant 1\}$ 是 ξ_1，ξ_2，$\cdots$，ξ_n 的随机过程，即 $F_n(t) = n^{-1}\sum\limits_{i=1}^{n} I_{[0,\ t]}(\xi_i)$。其中，$I_{[0,\ t]}(\cdot)$ 是 $[0,\ t]$ 上的示性函数。假设 $0 \leqslant \xi_0 \leqslant 1$ 且 ξ_0 有连续的分布函数 F，$F(0) = 0$，$F(1) = 1$，则标准化 $F_n(t)$ 为

$$Y_n(t) = n^{1/2}\left(F_n(t) - F(t)\right), \quad 0 \leqslant t \leqslant 1$$

对于 $0 \leqslant t \leqslant 1$，定义函数 g_t：

$$g_t(x) = I_{[0,\ t]}(x) - F(t)$$

并且假设 $\{\xi_n\}$ 满足混合条件

$$\sum_{n=1}^{\infty} n^2\alpha(n)^{1/2-\tau} < \infty, \quad \tau \in (0,\ 1/2)$$

那么标准化的经验过程序列 $\{Y_n(t) : 0 \leqslant t \leqslant 1\}$ 在 $\mathcal{D}[0,\ 1]$ 空间上弱收敛到一个高斯随机函数 $\{Y(t) : 0 \leqslant t \leqslant 1\}$ 且 $\mathbb{E}\left(Y(t)\right) = 0$，

$$\mathbb{E}\{Y(s)Y(t)\} = \mathbb{E}\{g_s(\xi_0)\, g_t(\xi_0)\} + \sum_{k=1}^{\infty}\mathbb{E}\{g_s(\xi_0)\, g_t(\xi_k)\} + \sum_{k=1}^{\infty}\mathbb{E}\{g_s(\xi_k)\, g_t(\xi_0)\} \tag{2.14}$$

式中的序列绝对收敛，Y 的样本以概率 1 路径连续。

引理 2.4 是对文献 [39] 中的定理 14.1 的重新叙述。

引理 2.4 记 $\{\pi_k\}_{k=1}^{\infty}$ 为一个总体样本的序列，且 $\pi_k = \{b_{k1}$，b_{k2}，$\cdots$，$b_{kN_k}\}$，当 k 趋近于 ∞ 时，N_k 趋近于 ∞。记 X_{k1}，$\cdots$，X_{kn_k} 是 π_k 中的一个无放回的简单随机抽样，定义分布函数 $F_{N_k}(t)$ 和 $F_{n_k}(t)$ 分别为

$$F_{N_k}(t) = N_k^{-1}\sum_{i=1}^{N_k} I\left\{b_{ki} \leqslant t\right\}, \quad F_{n_k}(t) = n_k^{-1}\sum_{i=1}^{n_k} I\left\{X_{ki} \leqslant t\right\}$$

若 $\{\pi_k\}_{k=1}^{\infty}$ 满足 ① $\lim\limits_{k\to\infty}\min(n_k,\ N_k-n_k)=\infty$；② $\lim\limits_{k\to\infty}F_{N_k}(t)=t(0\leqslant t\leqslant 1)$，那么当 k 趋近于 ∞ 时，$\left(n_k^{-1}-N_k^{-1}\right)^{-1/2}\{F_{n_k}(t)-F_{N_k}(t)\}\xrightarrow{d}B(t)$，其中 $B(t)$ 表示布朗桥。

通过引理 2.5 可以得到一个随机过程 $N_k^{1/2}\{F_{N_k}(\cdot)-F(\cdot)\}$ 收敛到 $\mathbb{R}$ 上一致连续的极限高斯过程 $\zeta(\cdot)$，该引理将在定理 2.2 的证明中使用。

引理 2.5　若假设（A1）和假设（A2）成立，则存在一个均值为 0 的高斯过程 $Y(\cdot)$，并且当 k 趋近于 ∞ 时，其样本路径以概率 1 在 $[0,\ 1]$ 上连续，使得 $N_k^{1/2}\{F_{N_k}(\cdot)-F(\cdot)\}\xrightarrow{d}\zeta(\cdot)=Y(F(\cdot))$。随机过程 $\zeta(\cdot)$ 在 $\mathbb{R}$ 上一致连续，其连续模满足当 Δ 趋近于 0 时，$\omega(\zeta,\ \Delta)\leqslant\omega(Y,\ \omega(F,\ \Delta))$ 趋近于 0 (a.s.)。

证明： 定义一个变换的时间序列 $u_i=F(x_t)$，$i=0,\ \pm1,\ \pm2,\ \cdots$。对于任意 $x\in\mathbb{R}$，令 $t=F(x)\in[0,\ 1]$，有 $F_{N_k}(x)=F_{U,\ N_k}(t)$，其中，

$$F_{U,\ N_k}(t)=N_k^{-1}\sum_{i=1}^{N_k}I\{u_i\leqslant t\}$$

$\{u_i\}_{i=-\infty}^{\infty}$ 的 α-混合系数和 $\{x_i\}_{i=-\infty}^{\infty}$ 的混合系数是一样的，并且满足假设（A1）$\alpha(n)\ll n^{-6-\epsilon}$，所以存在 $\tau\in(0,\ 1/2)$，满足 $\alpha(n)^{1/2-\tau}\ll n^{-3}$ 和 $\sum\limits_{n=1}^{\infty}n^2\alpha(n)^{1/2-\tau}<\infty$。接着运用引理 2.3，把 ξ_i 换成 u_i，可以推出 $N_k^{1/2}\{F_{U,\ N_k}(t)-t\}$ 趋近于 $Y(t)$。

记 $\zeta(x)=Y(F(x))$。当 k 趋近于 ∞ 时，$N_k^{1/2}\{F_{N_k}(\cdot)-F(\cdot)\}\xrightarrow{d}\zeta(\cdot)$，并且

$$\sup_{x,\ x'\in\mathbb{R},\ |x-x'|\leqslant\Delta}\left|\zeta(x)-\zeta(x')\right|=\sup_{x,\ x'\in\mathbb{R},\ |x-x'|\leqslant\Delta}\left|Y(F(x))-Y(F(x'))\right|$$
$$\leqslant\sup_{t,\ t'\in[0,\ 1],\ |t-t'|\leqslant\omega(F,\ \Delta)}\left|Y(t)-Y(t')\right|\leqslant\omega(Y,\ \omega(F,\ \Delta))$$

假设（A2）可保证 $F(\cdot)$ 的一致连续性。根据 $Y(\cdot)$ 的样本路径在 $[0,\ 1]$ 几乎是处处连续的，可推出 $Y(\cdot)$ 的一致连续性。这些事实可以推出当 Δ 趋近于 0 时，$\omega(Y,\ \omega(F,\ \Delta))$ 趋近于 0 (a.s.)，所以 ζ 连续且 $\omega(\zeta,\ \Delta)\leqslant\omega(Y,\ \omega(F,\ \Delta))$ 的概率趋近于 1。

2.5.2　定理 2.1 的证明

证明： 定义一个变换的时间序列 $u_i=F(x_i)\,(i=0,\ \pm1,\ \pm2,\ \cdots)$

和一个有限的总体 $\pi_{k,\ U}=\{u_1,\ u_2,\ \cdots,\ u_{N_k}\}(k=1,\ 2,\ \cdots)$。记来自于总体 $\pi_{k,\ U}$ 的简单随机抽样样本 $U_i=F(X_i)$，$1\leqslant i\leqslant n_k$。对于 $x\in\mathbb{R}$，令 $t=F(x)\in[0,\ 1]$，有

$$F_{N_k}(x)=F_{U,\ N_k}(t),\quad F_{n_k}(x)=F_{U,\ n_k}(t) \tag{2.15}$$

其中，

$$F_{U,\ N_k}(t)=N_k^{-1}\sum_{i=1}^{N_k}I\{u_i\leqslant t\} \tag{2.16}$$

$$F_{U,\ n_k}(t)=n_k^{-1}\sum_{i=1}^{n_k}I\{U_i\leqslant t\} \tag{2.17}$$

根据假设（A1），时间序列 $\{u_t,\ t=0,\ \pm1,\ \pm2,\ \cdots\}$ 是遍历的，且服从平稳分布 $\mathcal{U}(0,\ 1)$，所以对于 $0\leqslant t\leqslant 1$，几乎必然有 $\lim\limits_{k\to\infty}F_{U,\ N_k}(t)=t$。因为假设（A3）包含 $\lim\limits_{k\to\infty}\min(n_k,\ N_k-n_k)=\infty$，运用引理 2.4，得到当随机元在空间 $\mathcal{D}[0,\ 1]$ 里的左极右连函数中取值时，几乎必然存在

$$l_k\{F_{U,\ n_k}(t)-F_{U,\ N_k}(t)\}\xrightarrow{d}B(t)$$

最后，斯科罗霍德表示定理（Skorohod representation theorem）（文献 [47] 中的定理 6.7）可以推出存在布朗桥的变式 B_k^*，满足

$$\sup_{t\in[0,\ 1]}|l_k\{F_{U,\ n_k}(t)-F_{U,\ N_k}(t)\}-B_k^*(t)|\to 0,\ \text{a.s.}$$

上式可推出

$$\sup_{x\in\mathbb{R}}|l_k\{F_{n_k}(x)-F_{N_k}(x)\}-B_k^*(F(x))|\to 0,\ \text{a.s.}$$

定理 2.1 证毕。

2.5.3 定理 2.2 所用引理及证明

引理 2.6 若假设（A1）～假设（A3）和假设（A5）成立，当 k 趋近于 ∞ 时，有

$$\sup_{w\in[-1,\ 1],\ x\in\mathbb{R}}\left|\{F_{n_k}(x-hw)-F_{n_k}(x)\}-\{F_{N_k}(x-hw)-F_{N_k}(x)\}\right|$$
$$=o_p\left(l_k^{-1}\right)$$

证明： 对于定理 2.1 中的布朗桥 $B_k^*\{\cdot\}$，有

$$\begin{aligned}
&\sup_{w\in[-1,\,1],\ x\in\mathbb{R}} \left|l_k\left\{F_{n_k}(x-hw)-F_{N_k}(x-hw)\right\}-l_k\left\{F_{n_k}(x)-F_{N_k}(x)\right\}\right| \\
\leqslant &\sup_{x,\ x'\in\mathbb{R},\ |x-x'|\leqslant h} \left|l_k\left\{F_{n_k}(x')-F_{N_k}(x')\right\}-l_k\left\{F_{n_k}(x)-F_{N_k}(x)\right\}\right| \\
&\leqslant 2\sup_x\left|l_k\left\{F_{n_k}(x)-F_{N_k}(x)\right\}-B_k^*\left\{F(x)\right\}\right|+ \\
&\qquad \sup_{x,\ x'\in\mathbb{R},\ |x-x'|\leqslant h}\left|B_k^*\left\{F(x')\right\}-B_k^*\left\{F(x)\right\}\right| \qquad (2.18)
\end{aligned}$$

由假设（A2）可得 $F(\cdot)$ 一致连续，并且由假设（A5）可推出当 k 趋近于 ∞ 时，h 趋近于 0，所以当 k 趋近于 ∞ 时，$\omega(F,\ h)$ 趋近于 0。假设（A1）和假设（A3）确保了定理 2.1 的成立，所以当 k 趋近于 ∞ 时，$l_k\left\{F_{n_k}(\cdot)-F_{N_k}(\cdot)\right\}-B_k^*\left\{F(\cdot)\right\}\to 0$ (a.s.)。接下来，

$$\begin{aligned}
&2\sup_{x\in\mathbb{R}}\left|l_k\left\{F_{n_k}(x)-F_{N_k}(x)\right\}-B_k^*\left\{F(x)\right\}\right|+ \\
&\qquad \sup_{t,\ t'\in[0,\,1],\ |t-t'|\leqslant\omega(F,\ h)}\left|B_k^*(t')-B_k^*(t)\right| \\
&= o_{\text{a.s.}}(1)+o_p(1)=o_p(1)
\end{aligned}$$

即

$$\begin{aligned}
&\sup_{w\in[-1,\,1],\ x\in\mathbb{R}}\left|\left\{F_{n_k}(x-hw)-F_{n_k}(x)\right\}-\left\{F_{N_k}(x-hw)-F_{N_k}(x)\right\}\right| \\
=\ & o_p\left(l_k^{-1}\right) \qquad (2.19)
\end{aligned}$$

引理 2.7　若假设（A1）、假设（A2）和假设（A5）成立，当 k 趋近于 ∞ 时，有

$$\begin{aligned}
&\sup_{w\in[-1,\,1],\ x\in\mathbb{R}}\left|\left\{F_{N_k}(x-hw)-F_{N_k}(x)\right\}-\left\{F(x-hw)-F(x)\right\}\right| \\
=\ & o_p\left(N_k^{-1/2}\right)
\end{aligned}$$

证明： 由引理 2.5 可推出 $N_k^{1/2}\left\{F_{N_k}(\cdot)-F(\cdot)\right\}\xrightarrow{d}\zeta(\cdot)$，由斯科罗霍德表示定理可得，存在 $\zeta(\cdot)$ 的变式 $\zeta_k(\cdot)$，使得

$$\sup_{x\in\mathbb{R}}\left|N_k^{1/2}\left\{F_{N_k}(x)-F(x)\right\}-\zeta_k(x)\right|\to 0,\ \text{a.s.}$$

所以

$$
\begin{aligned}
&\sup_{w\in[-1,\ 1],\ x\in\mathbb{R}}\left|N_k^{1/2}\left\{F_{N_k}(x-hw)-F(x-hw)\right\}-N_k^{1/2}\left\{F_{N_k}(x)-F(x)\right\}\right| \\
&\leqslant \sup_{x,\ x'\in\mathbb{R},\ |x-x'|\leqslant h}\left|N_k^{1/2}\left\{F_{N_k}(x')-F(x')\right\}-N_k^{1/2}\left\{F_{N_k}(x)-F(x)\right\}\right| \\
&\leqslant 2\sup_{x\in\mathbb{R}}\left|N_k^{1/2}\left\{F_{N_k}(x)-F(x)\right\}-\zeta_k(x)\right|+\omega(\zeta_k,\ h)=o_p(1)
\end{aligned}
$$

所以下式成立：

$$
\begin{aligned}
&\sup_{w\in[-1,\ 1],\ x\in\mathbb{R}}\left|\left\{F_{N_k}(x-hw)-F_{N_k}(x)\right\}-\left\{F(x-hw)-F(x)\right\}\right| \\
&=o_p\left(N_k^{-1/2}\right)
\end{aligned}
\tag{2.20}
$$

引理 2.8 若假设（A2）、假设（A5）和假设（A6）成立，当 k 趋近于 ∞ 时，有

$$
\sup_{x\in\mathbb{R}}\left|\int_{-1}^{1}\{F(x-hw)-F(x)\}K(w)\,\mathrm{d}w\right|=o\left(l_k^{-1}\right)
$$

证明： 根据累计分布函数的假设，讨论以下两种情况。

情况 1： $\nu\geqslant 1$。注意到假设（A6）有 $\int_{-1}^{1}K(w)\,w^r\mathrm{d}w\equiv 0$，$r=1,\ 2,\ \cdots,\ l-1$，并且由假设（A2）可得 $F(\cdot)\in C^{(\nu,\ \mu)}(\mathbb{R})$，所以

$$
\begin{aligned}
&\int_{-1}^{1}\{F(x-hw)-F(x)\}K(w)\,\mathrm{d}w \\
&=\int_{-1}^{1}\left\{F(x-hw)-\sum_{r=0}^{\nu-1}\frac{F^{(r)}(x)}{r!}(-hw)^r\right\}K(w)\,\mathrm{d}w \\
&=\int_{-1}^{1}\left\{\int_{x}^{x-hw}\frac{F^{(\nu)}(t)}{(\nu-1)!}(x-hw-t)^{\nu-1}\,\mathrm{d}t\right\}K(w)\,\mathrm{d}w \\
&=\int_{-1}^{1}\left\{\frac{F^{(\nu)}(x)}{(\nu-1)!}(-hw)^{\nu}+\right. \\
&\qquad\left.\int_{x}^{x-hw}\frac{F^{(\nu)}(t)-F^{(\nu)}(x)}{(\nu-1)!}(x-hw-t)^{\nu-1}\,\mathrm{d}t\right\}K(w)\,\mathrm{d}w \\
&=\int_{-1}^{1}\left\{\int_{x}^{x-hw}\frac{F^{(\nu)}(t)-F^{(\nu)}(x)}{(\nu-1)!}(x-hw-t)^{\nu-1}\,\mathrm{d}t\right\}K(w)\,\mathrm{d}w
\end{aligned}
$$

接下来，由假设（A2）中的 $F^{(\nu)}(\cdot) \in C^{(0,\ \mu)}(\mathbb{R})$ 可推出

$$\begin{aligned}
&\sup_{x\in\mathbb{R}}\left|\int_{-1}^{1}\{F(x-hw)-F(x)\}K(w)\,\mathrm{d}w\right| \\
&\leqslant \sup_{x\in\mathbb{R}}\int_{-1}^{1}\left|\int_{x}^{x-hw}\frac{F^{(\nu)}(t)-F^{(\nu)}(x)}{(\nu-1)!}(x-hw-t)^{\nu-1}\,\mathrm{d}t\right||K(w)|\,\mathrm{d}w \\
&\leqslant \sup_{x\in\mathbb{R}}\int_{-1}^{1}\left|(hw)^{\nu}\sup_{x\leqslant t\leqslant x-hw}\frac{\left|F^{(\nu)}(t)-F^{(\nu)}(x)\right|}{(\nu-1)!}\right||K(w)|\,\mathrm{d}w \\
&\leqslant \sup_{x\in\mathbb{R}}\int_{-1}^{1}\left|(hw)^{\nu}\sup_{x\leqslant t\leqslant x-hw}\frac{C|t-x|^{\mu}}{(\nu-1)!}\right||K(w)|\,\mathrm{d}w \\
&\leqslant \sup_{x\in\mathbb{R}}\int_{-1}^{1}\left|(hw)^{\nu}\frac{C(hw)^{\mu}}{(\nu-1)!}\right||K(w)|\,\mathrm{d}w \\
&\leqslant \sup_{x\in\mathbb{R}}\int_{-1}^{1} ch^{\nu+\mu}|w|^{\nu+\mu}|K(w)|\,\mathrm{d}w = \mathcal{O}\left(h^{\nu+\mu}\right) = o\left(l_k^{-1}\right)
\end{aligned} \tag{2.21}$$

最后一步由假设（A5）中的 $\lim\limits_{k\to\infty} l_k h_{n_k}^{\nu+\mu} = 0$ 得到。

情况 2：$\nu = 0$。根据假设（A2），$F(x) \in C^{(0,\ \mu)}(\mathbb{R})$。所以

$$\begin{aligned}
&\sup_{x\in\mathbb{R}}\left|\int_{-1}^{1}\{F(x-hw)-F(x)\}K(w)\,\mathrm{d}w\right| \\
&\leqslant \sup_{x\in\mathbb{R}}\int_{-1}^{1} C(hw)^{\mu}|K(w)|\,\mathrm{d}w \\
&= \mathcal{O}\left(h^{\nu+\mu}\right) = o\left(l_k^{-1}\right)
\end{aligned} \tag{2.22}$$

最后一步由假设（A5）中的 $\lim\limits_{k\to\infty} l_k h_{n_k}^{\nu+\mu} = 0$ 得到。

记 $G(x) = \int_{-\infty}^{x} K(u)\,\mathrm{d}u$。由 $\hat{F}_k(x)$ 的定义，有

$$\hat{F}_k(x) = n^{-1}\sum_{i=1}^{n_k}\int_{-\infty}^{x} K_h(u-X_i)\,\mathrm{d}u = n_k^{-1}\sum_{i=1}^{n_k} G\left(\frac{x-X_i}{h}\right)$$

所以，由式 (2.4) 中的定义 $F_{n_k}(x) = n_k^{-1}\sum\limits_{i=1}^{n_k} I(X_i \leqslant x)$，有

$$\hat{F}_k(x) = \int_{-\infty}^{+\infty} G\left(\frac{x-u}{h}\right)\mathrm{d}F_{n_k}(u) = \int_{-\infty}^{+\infty} h^{-1}K\left(\frac{x-u}{h}\right)F_{n_k}(u)\,\mathrm{d}u$$

$$= \int_{-1}^{1} K(w) F_{n_k}(x - hw) \mathrm{d}w$$

上式使用了分部积分和变量替换 $w = (x-u)/h$。下面的分解式有重要的作用：

$$\hat{F}_k(x) - F_{n_k}(x) = \int_{-1}^{1} \{F_{n_k}(x - hw) - F_{n_k}(x)\} K(w) \mathrm{d}w \tag{2.23}$$

因为假设（A4）要求 $n_k/N_k = o(1)$，所以 $N_k^{-1/2} = o\left(l_k^{-1}\right)$，运用引理 2.6 和引理 2.7，以及三角不等式可推出当 k 趋近于 ∞ 时，

$$|\{F_{n_k}(x - hw) - F_{n_k}(x)\} - \{F(x - hw) - F(x)\}| = u_p\left(l_k^{-1}\right) \tag{2.24}$$

由引理 2.8 和式 (2.21) ~ 式 (2.24)，有

$$\begin{aligned} &\sup_{x\in\mathbb{R}} \left|\hat{F}_k(x) - F_{n_k}(x)\right| \\ &= \sup_{x\in\mathbb{R}} \left|\int_{-1}^{1} \{F_{n_k}(x - hw) - F_{n_k}(x)\} K(w) \mathrm{d}w\right| = o_p\left(l_k^{-1}\right) \end{aligned}$$

应用定理 2.1，有 $l_k\left\{\hat{F}_k(x) - F_{N_k}(x)\right\} \xrightarrow{d} B\{F(x)\}$，于是证明了式 (2.11)。

注意到在假设（A4）下，当 k 趋近于 ∞ 时，$n_k^{-1/2}/l_k^{-1}$ 趋近于 1，$N_k^{-1/2} = o\left(l_k^{-1}\right)$，$N_k^{-1/2} = o\left(n_k^{-1/2}\right)$。由引理 2.5 可得 $N_k^{1/2}\{F_{N_k}(\cdot) - F(\cdot)\} \xrightarrow{d} \zeta(\cdot)$。所以，当 k 趋近于 ∞ 时，

$$n_k^{1/2} D(F_{N_k}, F) = n_k^{1/2} \mathcal{O}_p\left(N_k^{-1/2}\right) = \mathcal{O}_p\left(n_k^{1/2} N_k^{-1/2}\right) = o_p(1)$$

类似地，$l_k D(F_{N_k}, F) = o_p(1)$。将上述结果和式 (2.11) 结合起来，式 (2.12) 得以证明。运用斯勒茨基定理（Slutsky's theorem），定理 2.2 证毕。

第 3 章　函数型时间序列的统计推断

为了解释函数型时间序列中曲线 $\{\eta_t(\cdot)\}_{t=1}^{n}$ 之间的相关性，把经典时间序列中的 MA (∞) 拓展到函数型数据中。具体来讲，去均值的曲线 $\{\xi_t(\cdot)\}_{t=1}^{n}$ 被看作来自零均值随机过程 $\{\xi_t(\cdot)\}_{t=-\infty}^{\infty}$ 的一个切割，且满足函数型 MA(∞) 等式：

$$\xi_t(\cdot)=\sum_{t'=0}^{\infty}A_{t'}\zeta_{t-t'}(\cdot)\,,\ t=0,\ \pm 1,\ \pm 2,\ \cdots \tag{3.1}$$

其中，$A_{t'}$ 是 $\mathcal{L}^2[0,\ 1]\to\mathcal{L}^2[0,\ 1]$ 的有界线性算子，$\{\zeta_t(\cdot)\}_{t=-\infty}^{\infty}$ 是正交的零均值随机过程，即函数型白噪声（Bosq[51]）。值得注意的是，经典 MA(∞) 是一个相当广泛的类别，其中包括常见的因果 ARMA(p，q) 模型，详见 Brockwell 等[31] 的定理 3.1.1。

式 (3.1) 中的 FMA(∞) 算子 $A_{t'}$ 被假设具有如下形式：

$$\begin{aligned}&A_{t'}\left\{\sum_{k=1}^{\infty}c_k\phi_k(\cdot)\right\}\\&=\sum_{k=1}^{\infty}a_{t'k}c_k\phi_k(\cdot),\ a_{t'k}\in\mathbb{R};\ k=1,\ 2,\ \cdots;\ t'=0,\ 1,\ \cdots\end{aligned}$$

其中，以几何速度衰减的 MA 系数 $|a_{t'k}|<C_a\rho_a^{t'}$ 且 $C_a>0$，$\rho_a\in(0,\ 1)$，$k=1,\ 2,\ \cdots,\ t'=0,\ 1,\ \cdots$。值得注意的是，几何衰减速度并不像看起来那样具有局限性，因为根据文献 [31] 中的式 (3.3.6)，它适用于因果 ARMA 模型的 MA 系数。

函数型白噪声 $\{\zeta_t(\cdot)\}_{t=-\infty}^{\infty}$ 有 Karhunen-Loève 展开形式 $\zeta_t(\cdot)=\sum_{k=1}^{\infty}\zeta_{t,\ k}\phi_k(\cdot)$，其中 $\{\zeta_{t,\ k}\}_{t=-\infty,\ k=1}^{\infty,\ \infty}$ 是不相关的均值为 0，方差为 1 的

随机变量。结合式 (3.1)，有

$$\xi_t(\cdot) = \sum_{t'=0}^{\infty} A_{t'} \left\{ \sum_{k=1}^{\infty} \zeta_{t-t',\ k} \phi_k(\cdot) \right\} = \sum_{t'=0}^{\infty} \sum_{k=1}^{\infty} a_{t',\ k} \zeta_{t-t',\ k} \phi_k(\cdot)$$
$$= \sum_{k=1}^{\infty} \left(\sum_{t'=0}^{\infty} a_{t',\ k} \zeta_{t-t',\ k} \right) \phi_k(\cdot)$$

只要每个随机系数 $\sum\limits_{t'=0}^{\infty} a_{t',\ k}\zeta_{t-t',\ k}$ 是白噪声，也就是方差等于 1，上式就可以是 $\{\xi_t(\cdot)\}_{t=1}^{n}$ 的 Karhunen-Loève 展开形式。类似于经典 MA(∞) 中的假设，假设 $\sum\limits_{t=0}^{\infty} a_{tk}^2 \equiv 1$，$k = 1$，2，$\cdots$ 便可满足上面的要求。所以 FMA(∞) 模型可表示为

$$Y_{tj} = m\left(\frac{j}{N}\right) + \xi_t\left(\frac{j}{N}\right) + \sigma\left(\frac{j}{N}\right)\varepsilon_{tj}$$
$$= m\left(\frac{j}{N}\right) + \sum_{k=1}^{\infty} \xi_{tk}\phi_k\left(\frac{j}{N}\right) + \sigma\left(\frac{j}{N}\right)\varepsilon_{tj}，\ 1 \leqslant t \leqslant n;\ 1 \leqslant j \leqslant N \tag{3.2}$$

且对于 $1 \leqslant t \leqslant n$，$k = 1$，2，$\cdots$，

$$\xi_t(\cdot) = \sum_{k=1}^{\infty} \xi_{tk}\phi_k(\cdot)，\ \xi_{tk} = \sum_{t'=0}^{\infty} a_{t'k}\zeta_{t-t',\ k} \quad \text{a.s.} \tag{3.3}$$

基于上述模型，3.1 节将提出均值函数 $m(\cdot)$ 的 B 样条估计量。定理 3.2 说明 B 样条估计量渐近等价于不可行的“默示有效”估计量，其在所有随机轨迹都被完全观测到且没有测量误差的情况下得到。在一些较弱的假设下，定理 3.1 和推论 3.1 建立了关于均值函数 $m(\cdot)$ 的渐近正确的同时置信带。

本章的结构安排如下：3.1 节将介绍基于 B 样条估计量构造的同时置信带的理论结果。3.2 节主要包含 B 样条估计量和“不可行”的估计量之间的误差分解。3.3 节给出了构造同时置信带的详细实施方法。3.4 节展示了模拟结果，而 3.5 节将使用提出的方法分析一个脑电图信号时间序列。所有的证明都在 3.6 节进行介绍。

3.1 B 样条估计量及其渐近理论

对任意一个非负整数 q 和分数 $\mu \in (0,\ 1]$，定义 $\mathcal{C}^{(q,\ \mu)}[0,\ 1]$ 为 q 阶导数满足 μ-赫尔德连续的函数空间，也就是

$$\mathcal{C}^{(q,\ \mu)}[0,\ 1] = \left\{ \varphi : [0,\ 1] \to \mathbb{R} \,\middle|\, \|\varphi\|_{q,\ \mu} = \sup_{x,\ y\in[0,\ 1],\ x\neq y} \left| \frac{\varphi^{(q)}(x) - \varphi^{(q)}(y)}{|x-y|^{\mu}} \right| < +\infty \right\}$$

因为 $m(\cdot)$ 和 $\phi_k(\cdot)$ 都属于 $\mathcal{C}^{(q,\ \mu)}[0,\ 1]$，$\eta(\cdot)$ 可被看作 $\mathcal{C}^{(q,\ \mu)}[0,\ 1]$ 中的随机变量。如果每条曲线 $\eta_t(\cdot)$ $(1 \leqslant t \leqslant n)$ 都能在 $[0,\ 1]$ 完整观测到，均值函数 $m(\cdot)$ 就可以通过 n 个 $\mathcal{C}^{(q,\ \mu)}[0,\ 1]$ 中的随机变量的样本均值来估计：

$$\overline{m}(x) = n^{-1}\sum_{t=1}^{n}\eta_t(x),\ x \in [0,\ 1] \tag{3.4}$$

上面的“估计量”是不可行的，因为它使用了观测不到的未知量，但每条曲线可以通过 B 样条估计：

$$\widehat{\eta}_t(\cdot) \equiv \sum_{\ell=1}^{J_s+p}\widehat{\beta}_{\ell,\ p,\ t}B_{\ell,\ p}(\cdot),\ 1 \leqslant t \leqslant n \tag{3.5}$$

其中，$\left\{\widehat{\beta}_{1,\ p,\ t},\ \cdots,\ \widehat{\beta}_{J_s+p,\ p,\ t}\right\}^{\top}$ 通过解最小二乘问题得到：

$$\left\{\widehat{\beta}_{1,\ p,\ t},\ \cdots,\ \widehat{\beta}_{J_s+p,\ p,\ t}\right\}^{\top} = \mathop{\arg\min}_{\{\beta_{1,\ p},\ \cdots,\ \beta_{J_s+p,\ p}\}\in R^{J_s+p}} \sum_{j=1}^{N}\left\{Y_{tj} - \sum_{\ell=1}^{J_s+p}\beta_{\ell,\ p}B_{\ell,\ p}(j/N)\right\}^2$$

均值函数 $m(\cdot)$ 可以被下面默示有效的估计量估计：

$$\widehat{m}(\cdot) = n^{-1}\sum_{t=1}^{n}\widehat{\eta}_t(\cdot) \tag{3.6}$$

它模仿了式 (3.4) 中不可获得的估计量 $\overline{m}(\cdot)$。

在本节中，$a_n \asymp b_n$ 表示当 n 趋近于 ∞ 时，$a_n = \mathcal{O}(b_n)$ 且$b_n = \mathcal{O}(a_n)$。对于 $[0,\ 1]$ 上任意的可积函数 $\phi(\cdot)$，定义 $\|\phi\|_\infty = \sup_{x\in[0,\ 1]}|\phi(x)|$。记 I_n 为白噪音序列 ζ_{tk}，$-\infty < t \leqslant n$ 的一个整数值截断指标，且满足 $I_n > -10\log n/\log\rho_a$，$I_n \asymp \log n$。下面介绍一些技术性的假设。

（A1）均值函数 $m(\cdot) \in \mathcal{C}^{(q,\ \mu)}[0,\ 1]$，其中整数 $q > 0$，常数 $\mu \in (0,\ 1]$。本章记 $p^* = q + \mu$。

（A2）标准差函数 $\sigma(\cdot) \in \mathcal{C}^{(0,\ \nu)}[0,\ 1]$，其中 $\nu \in (0,\ 1]$，且对于常数 $0 < c_\sigma < C_\sigma < \infty$，$c_\sigma \leqslant \sigma(x) \leqslant C_\sigma$，$\forall x \in [0,\ 1]$。

（A3）存在一个常数 C 和 $\theta > 0$，使得当 n 趋近于 ∞ 时，$N \geqslant Cn^{1/\theta}$。

（A4）存在 $C_G > 0$，使得 $G_\varphi(x,\ x) \geqslant C_G$，$\forall x \in [0,\ 1]$。其中，$G_\varphi(x,\ x)$ 将在式 (3.7) 中定义。函数型主成分 $\phi_k(\cdot) \in \mathcal{C}^{(q,\ \mu)}[0,\ 1]$，且 $\sum\limits_{k=1}^{\infty}\|\phi_k\|_{q,\ \mu} < +\infty$，$\sum\limits_{k=1}^{\infty}\|\phi_k\|_\infty < +\infty$；对于递增的正整数序列 $\{k_n\}_{n=1}^{\infty}$，当 n 趋近于 ∞ 时，$\sum\limits_{k_n+1}^{\infty}\|\phi_k\|_\infty = o(n^{-1/2})$ 且存在 $\omega > 0$，$k_n = \mathcal{O}(n^\omega)$。

（A5）存在常数 C_1 和 $C_2 \in (0,\ +\infty)$，γ_1 和 $\gamma_2 \in (1,\ +\infty)$，$\beta_1$ 和 $\beta_2 \in (0,\ 1/2)$，以及独立同分布的 $N(0,\ 1)$ 变量 $\{Z_{tk,\ \zeta}\}_{t=-I_n+1,\ k=1}^{n,\ k_n}$，$\{Z_{tj,\ \varepsilon}\}_{t=1,\ j=1}^{n,\ N}$。其中，$I_n$ 是一个截断指标，使得

$$\begin{cases}\mathbb{P}\left\{\max\limits_{1\leqslant k\leqslant k_n}\max\limits_{-I_n+1\leqslant\tau\leqslant n}\left|\sum\limits_{t=-I_n+1}^{\tau}\zeta_{tk} - \sum\limits_{t=-I_n+1}^{\tau}Z_{tk,\ \zeta}\right| > n^{\beta_1}\right\} < C_1 n^{-\gamma_1}\\ \mathbb{P}\left\{\max\limits_{1\leqslant t\leqslant n}\max\limits_{1\leqslant\tau\leqslant N}\left|\sum\limits_{j=1}^{\tau}\varepsilon_{tj} - \sum\limits_{j=1}^{\tau}Z_{tj,\ \varepsilon}\right| > N^{\beta_2}\right\} < C_2 N^{-\gamma_2}\end{cases}$$

（A5'）独立同分布的随机变量 $\{\varepsilon_{tj}\}_{t\geqslant1,\ j\geqslant1}$ 独立于函数型主成分得分的白噪声 $\{\zeta_{tk}\}_{t\geqslant1,\ k\geqslant1}$。对于所有函数型主成分得分的白噪声 $\{\zeta_{tk}\}_{t\geqslant1,\ k\geqslant1}$，其不同的分布数量是有限的。存在常数 $r_1 > 4 + 2\omega$ 和 $r_2 > 4 + 2\theta$，对于假设（A4）中的 ω 和假设（A3）中的 θ，使得 $\mathbb{E}|\zeta_{1k}|^{r_1}$ 和 $\mathbb{E}|\varepsilon_{11}|^{r_2}$ 是有限的。

（A6）样条的阶数 $p \geqslant p^*$，节点数 $J_s = N^\gamma d_N$，$\gamma > 0$，且当 N 趋近于 ∞ 时，$d_N + d_N^{-1} = \mathcal{O}\left(\log^\vartheta N\right)$。对于假设（A1）中的 p^*、假设（A2）中的 ν、假设（A3）中的 θ、假设（A5）中的 β_2，以及假设（A5'）中的 r_1，满足

$$\max\left\{1-\nu, \ \frac{\theta}{2p^*}+\frac{2\theta}{r_1p^*}\right\}<\gamma<1-\theta/2-\beta_2$$

假设（A1）和假设（A2）在样条光滑中很常见。特别地，假设（A1）控制了关于 $m(\cdot)$ 的样条估计量偏差的大小，假设（A2）限制方差函数在其定义域上一致有界。假设（A3）要求每个个体的观测数量 N 要以快于样本数量 n 的 $1/\theta$ 幂次的速度增长。假设（A4）说明了主成分各种有界的光滑性。假设（A5）给出了估计误差和函数型主成分得分的白噪声 $\{\zeta_{tk}\}_{t=-\infty, \ k=1}^{\infty, \ \infty}$ 的高斯强逼近结论。假设（A5）的高要求可以被一个基本的假设（A5'）所保证。假设（A6）规定了对样条节点数的要求，旨在满足 B 样条估计量的光滑性。

注释 3.1　上述假设是较为宽松的，因为它们在各种实际情况下都很容易被满足。对上述参数（q、μ、θ、p、γ）提出了一种简单合理的设定：$q+\mu=p^*=4$，$\nu=1$，$\theta=1$，$p=4$（立方样条），$\gamma=1/4$，$d_N\asymp\log\log N$。这些常数在方法实施过程中被视为默认值，见 3.3 节。

定义一个极限协方差函数：

$$G_{\varphi}(x, \ x')=\sum_{k=1}^{\infty}\phi_k(x)\phi_k(x')\left\{1+2\sum_{t=0}^{\infty}\sum_{t'=t+1}^{\infty}a_{tk}a_{t'k}\right\}, \quad x, \ x'\in[0, \ 1] \tag{3.7}$$

且对独立同分布的正态分布变量 $\{U_k\}_{k=1}^{\infty}$，定义一个高斯过程：

$$\varphi(x)=\frac{\sum\limits_{k=1}^{\infty}\sum\limits_{t=1}^{\infty}a_{tk}U_k\phi_k(x)}{G_{\varphi}(x, \ x)^{1/2}}, \quad x\in[0, \ 1]$$

那么 $\varphi(x)$ 满足 $\mathbb{E}\varphi(x)\equiv 0$，$\mathbb{E}\varphi^2(x)\equiv 1$，$x\in[0, \ 1]$，其协方差函数为

$$\mathbb{E}\varphi(x)\varphi(x')=G_{\varphi}(x, \ x')\{G_{\varphi}(x, \ x)G_{\varphi}(x', \ x')\}^{-1/2}, \quad x, \ x'\in[0, \ 1]$$

对于任意的 $\alpha\in(0, \ 1)$，定义 $z_{1-\alpha/2}$ 为标准正态分布的 $(1-\alpha/2)$ 分位数。定义 $Q_{1-\alpha}$ 为 $[0, \ 1]$ 上 $\varphi(x)$ 绝对值最大分布的 $(1-\alpha)$ 分位数，也就是

$$\mathbb{P}\left[\sup_{x\in[0, \ 1]}|\varphi(x)|\leqslant Q_{1-\alpha}\right]=1-\alpha \tag{3.8}$$

下面的结果证明了如果所有曲线 $\eta_t(\cdot)$ $(1\leqslant t\leqslant n)$ 都被完整观测到，那么 $m(\cdot)$ 可以被不可行的“默示有效”估计量 $\overline{m}(\cdot)$ 估计得非常好。

定理 3.1 若假设（A1）、假设（A3）$\sim$ 假设（A5）和假设（A6）成立，对于 $\alpha\in(0,\ 1)$，当 n 趋近于 ∞ 时，“不可行”的估计量 $\overline{m}(\cdot)$ 以 $\sqrt{n}$ 的速度收敛到 $m(\cdot)$，即

$$\begin{cases}\mathbb{P}\left\{\sup\limits_{x\in[0,\ 1]} n^{1/2}\left|\overline{m}(x)-m(x)\right|G_{\varphi}(x,\ x)^{-1/2}\leqslant Q_{1-\alpha}\right\}\to 1-\alpha\\ \mathbb{P}\left\{n^{1/2}\left|\overline{m}(x)-m(x)\right|G_{\varphi}(x,\ x)^{-1/2}\leqslant z_{1-\alpha/2}\right\}\to 1-\alpha,\quad \forall x\in[0,\ 1]\end{cases}$$

下一个结果可以使我们基于式 (3.6) 中的 $\widehat{m}(\cdot)$ 构造均值函数的同时置信带。它说明了 $\widehat{m}(\cdot)$ 和式 (3.4) 中的 $\overline{m}(\cdot)$ 有相同的渐近性质，所以没有必要区分 $\widehat{m}(\cdot)$ 和“不可行”的估计量 $\overline{m}(\cdot)$。

定理 3.2 若假设（A1）$\sim$ 假设（A6）成立，则 B 样条估计量 $\widehat{m}(\cdot)$ 是默示有效的，即它和 $\overline{m}(\cdot)$ 以 $\mathcal{O}_p\left(n^{-1/2}\right)$ 阶渐近相等，

$$\sup_{x\in[0,\ 1]} n^{1/2}\left|\overline{m}(x)-\widehat{m}(x)\right|=\mathcal{O}_p(1)$$

推论 3.1 若假设（A1）$\sim$ 假设（A6）成立，则对于任意的 $\alpha\in(0,\ 1)$，当 n 趋近于 ∞ 时，$m(\cdot)$ 的 $100(1-\alpha)\%$渐近同时置信带是

$$\widehat{m}(x)\pm G_{\varphi}(x,\ x)^{1/2}Q_{1-\alpha}n^{-1/2},\quad x\in[0,\ 1] \tag{3.9}$$

并且 $m(\cdot)$ 的 $100(1-\alpha)\%$逐点置信区间是

$$\widehat{m}(x)\pm G_{\varphi}(x,\ x)^{1/2}z_{1-\alpha/2}n^{-1/2},\quad x\in[0,\ 1]$$

3.2 分　　解

本节把估计误差 $\widehat{\eta}_t(x)-\eta_t(x)$ 分解成三项。对于任意的 L^2 可积的函数 $\phi(x)$ 和 $\varphi(x)$，$x\in[0,\ 1]$，定义它们的理论内积为 $\langle\phi,\ \varphi\rangle=\int_{[0,\ 1]}\phi(x)\varphi(x)\mathrm{d}x$，经验内积为 $\langle\phi,\ \varphi\rangle_N=N^{-1}\sum\limits_{j=1}^{N}\phi(j/N)\varphi(j/N)$。相应的理论和经验范数分别是 $\|\phi\|_2^2=\langle\phi,\ \phi\rangle$，$\|\phi\|_{2,\ N}^2=\langle\phi,\ \phi\rangle_N$。对于任意定义域为 $[0,\ 1]$ 的函数 $\varphi(x)$，定义其离散化向量为 $\boldsymbol{\varphi}=\{\varphi(1/N),\ \cdots,\ \varphi(N/N)\}^{\top}$，也就是 $\varphi(x)$ 在 N 个观测点上的取值组成的向量。特别地，

$$\begin{cases}\boldsymbol{\eta}_t=\{\eta_t(1/N),\ \cdots,\ \eta_t(N/N)\}^\top,\ \boldsymbol{m}=\{m(1/N),\ \cdots,\ m(N/N)\}^\top \\ \boldsymbol{\xi}_t=\{\xi_t(1/N),\ \cdots,\ \xi_t(N/N)\}^\top,\ \boldsymbol{\eta}_t=\boldsymbol{m}+\boldsymbol{\xi}_t\end{cases} \tag{3.10}$$

通过简单的矩阵代数运算，式 (3.5) 中的 B 样条估计量 $\widehat{\eta}_t(\cdot)$ 可表示为

$$\widehat{\eta}_t(x)=\{B_{1,\ p}(x),\ \cdots,\ B_{J_s+p,\ p}(x)\}(\boldsymbol{X}^\top\boldsymbol{X})^{-1}\boldsymbol{X}^\top\boldsymbol{Y}_t \tag{3.11}$$

其中，$\boldsymbol{Y}_t=(Y_{t1},\ \cdots,\ Y_{tN})^\top$，且设计矩阵 $\boldsymbol{X}$ 为

$$\boldsymbol{X}=\begin{pmatrix}B_{1,\ p}(1/N) & \cdots & B_{J_s+p,\ p}(1/N)\\ \vdots & \cdots & \vdots\\ B_{1,\ p}(N/N) & \cdots & B_{J_s+p,\ p}(N/N)\end{pmatrix}_{N\times(J_s+p)} \tag{3.12}$$

定义 B 样条基 $\{B_{\ell,\ p}(x)\}_{\ell=1}^{J_s+p}$ 的经验内积矩阵为

$$\boldsymbol{V}_{n,\ p}=\left\{\langle B_{\ell,\ p},\ B_{\ell',\ p}\rangle_N\right\}_{\ell,\ \ell'=1}^{J_s+p}=N^{-1}\boldsymbol{X}^\top\boldsymbol{X} \tag{3.13}$$

且根据 Cao 等[12] 的引理 A.3，存在着常数 $C_p>0$，使

$$\left\|\boldsymbol{V}_{n,\ p}^{-1}\right\|_\infty\leqslant C_pJ_s \tag{3.14}$$

记

$$\boldsymbol{\varepsilon}_t=\{\sigma(1/N)\varepsilon_{t1},\ \cdots,\ \sigma(N/N)\varepsilon_{tN}\}^\top$$

$$\boldsymbol{B}(x)=\{B_{1,\ p}(x),\ \cdots,\ B_{J_s+p,\ p}(x)\}^\top$$

根据式 (3.10)，近似误差 $\widehat{\eta}_t(x)-\eta_t(x)$ 可被分解为

$$\widehat{\eta}_t(x)-\eta_t(x)=\widetilde{\eta}_t(x)-\eta_t(x)+\widetilde{\varepsilon}_t(x) \tag{3.15}$$

其中，

$$\widetilde{\eta}_t(x)=N^{-1}\boldsymbol{B}(x)^\top\boldsymbol{V}_{n,\ p}^{-1}\boldsymbol{X}^\top\boldsymbol{\eta}_t=\widetilde{m}(x)+\widetilde{\xi}_t(x) \tag{3.16}$$

$$\widetilde{m}(x)=N^{-1}\boldsymbol{B}(x)^\top\boldsymbol{V}_{n,\ p}^{-1}\boldsymbol{X}^\top\boldsymbol{m},\quad \widetilde{\xi}_t(x)=N^{-1}\boldsymbol{B}(x)^\top\boldsymbol{V}_{n,\ p}^{-1}\boldsymbol{X}^\top\boldsymbol{\xi}_t \tag{3.17}$$

$$\widetilde{\varepsilon}_t(x)=N^{-1}\boldsymbol{B}(x)^\top\boldsymbol{V}_{n,\ p}^{-1}\boldsymbol{X}^\top\boldsymbol{\varepsilon}_t \tag{3.18}$$

于是有 $\widehat{\eta}_t(x)-\eta_t(x)=\widetilde{\xi}_t(x)-\xi_t(x)+\widetilde{m}(x)-m(x)+\widetilde{\varepsilon}_t(x)$。所以根据式 (3.4) 和式 (3.6)，式 (3.6) 中的 $\widehat{m}(\cdot)$ 关于 $\overline{m}(\cdot)$ 的估计误差为

$$\widehat{m}(x)-\overline{m}(x)=n^{-1}\sum_{t=1}^{n}\{\widetilde{\eta}_t(x)-\eta_t(x)+\widetilde{\varepsilon}_t(x)\} \tag{3.19}$$

3.3 实施方法

本节描述了推论 3.1 中的同时置信带的实现步骤。

3.3.1 节点数选择

节点数是一个重要的光滑参数，采用赤池信息准则（Akaike information criterion，AIC）选择节点数。根据注释 3.1，$\gamma = 1/4$ 和 $d_N \asymp \log\log N$ 满足假设（A6）对 γ 和 d_N 的要求，即 J_s 的阶是 $N^{1/4}\log\log N$。所以提出通过赤池信息准则从 $[0.8N_r,\ \min(10N_r,\ n/2)]$ 的整数中选择一个数据驱动的 $\widehat{J}_s$，其中 $N_r = N^{1/4}\log\log N$。更确切地说，从模型 (1.2) 中给定数据集 $(j/N,\ Y_{tj})_{j=1,\ t=1}^{N,\ n}$，记第 j 个响应 Y_{tj} 的估计量为 $\widehat{Y}_{tj}(N_n) = \widehat{\eta}_t(j/N)$，$j = 1,\ \cdots,\ N$。从式 (3.5) 可以看出，曲线估计 $\widehat{\eta}_t$ 取决于节点数的选择。第 t 条曲线的 $\widehat{J_{\mathrm{s,\ t}}}$ 是使其赤池信息准则达到最小值，即

$$\widehat{J_{\mathrm{s,\ t}}} = \mathop{\arg\min}_{N_n \in [0.8N_r,\ \min(10N_r,\ n/2)]} \mathrm{AIC}(N_n), \quad t = 1,\ 2,\ \cdots,\ n \tag{3.20}$$

其中，$\mathrm{AIC}(N_n) = \log(\mathrm{RSS}/N) + 2(N_n + p)/N$，残差平方和（residual sum of squares）$\mathrm{RSS} = \sum_{j=1}^{N}\{Y_{tj} - \widehat{Y}_{tj}(N_n)\}^2$。$\widehat{J}_s$ 是 $\left\{\widehat{J_{\mathrm{s,\ t}}}\right\}_{t=1}^{n}$ 的中位数。

用选出的节点数 $\widehat{J}_s$ 从式 (3.11) 中得到样条估计量 $\widehat{\eta}_t(\cdot)$，通过式 (3.6) 计算得到估计量 $\widehat{m}(\cdot)$。

3.3.2 协方差估计

定义 $\widehat{\xi}_t(x) = \widehat{\eta}_t(x) - \widehat{m}(x)$，$t = 1,\ \cdots,\ n$，$x \in [0,\ 1]$。为了估计协方差函数 $G_\varphi(x,\ x')$，把 $\left\{\widehat{\xi}_t(\cdot)\right\}_{t=1}^{n}$ 按顺序分成 l 组，每组有 B 个样本，且 $B = [n^{1/5}]$，$l = [n/B]$，其中 $[a]$ 表示 a 的整数部分。注意到 $\widehat{G}_\varphi(\cdot,\ \cdot)$ 是过程 $\sqrt{n}(\overline{m}(\cdot) - \widehat{m}(\cdot))$ 协方差函数的极限，使用 $\widehat{m}(x)$ 来模拟 $m(x)$，用 $\sqrt{B}\,\widehat{\delta}_j(x)$ 来模拟过程 $\sqrt{n}(\overline{m}(\cdot) - \widehat{m}(\cdot))$ 上的点，其中

$$\widehat{\delta}_j(x) = \frac{1}{B}\sum_{k=B(j-1)+1}^{Bj} \widehat{\xi}_k(x), \quad j = 1,\ 2,\ \cdots,\ l, \quad x \in [0,\ 1]$$

$G_{\varphi}(x,\ x')$ 的估计量 $\widehat{G}_{\varphi}(x,\ x')$ 定义为

$$\widehat{G}_{\varphi}(x,\ x') = \frac{B}{l}\sum_{j=1}^{l}\left\{\widehat{\delta}_j(x)\widehat{\delta}_j(x') - \overline{\widehat{\delta}}(x)\overline{\widehat{\delta}}(x')\right\},\quad x,\ x' \in [0,\ 1] \tag{3.21}$$

其中，$\overline{\widehat{\delta}}(x) = l^{-1}\sum\limits_{j=1}^{l}\widehat{\delta}_j(x)$，$x \in [0,\ 1]$。

3.3.3　分位数估计

为了估计分位数 $Q_{1-\alpha}$，先通过 $N^{-1}\sum\limits_{j=1}^{N}\widehat{G}_{\varphi}(j/N,\ j'/N)\widehat{\psi}_{k,\ \varphi}(j/N) = \widehat{\lambda}_{k,\ \varphi}\widehat{\psi}_{k,\ \varphi}(j'/N)$ 估计 $\widehat{G}_{\varphi}(x,\ x')$ 的特征值 $\widehat{\lambda}_{k,\ \varphi}$ 和特征函数 $\widehat{\psi}_{k,\ \varphi}$。使用下面的准则选择特征函数的数量 κ，即 $\kappa = \underset{1\leqslant l\leqslant T}{\arg\min}\left\{\sum\limits_{k=1}^{l}\widehat{\lambda}_{k,\ \varphi}/\sum\limits_{k=1}^{T}\widehat{\lambda}_{k,\ \varphi} > 0.95\right\}$，其中 $\{\lambda_{k,\ \varphi}\}_{k=1}^{T}$ 是前 T 个估计的正特征值。

下面生成 $\widehat{\zeta}_b(x) = \widehat{G}_{\varphi}(x,\ x)^{-1/2}\sum\limits_{k=1}^{\kappa}Z_{k,\ b}\widehat{\phi}_{k,\ \varphi}(x)$，$\widehat{\phi}_{k,\ \varphi} = \widehat{\lambda}_{k,\ \varphi}^{1/2}\widehat{\psi}_{k,\ \varphi}$，$Z_{k,\ b}$ 是独立同分布的标准正态变量，且 $1 \leqslant k \leqslant \kappa$，$b = 1,\ \cdots,\ b_M$，其中 b_M 是一个提前预设且取值较大的整数，默认值为 1000。取出每个 $\widehat{\zeta}_b(x)$ 的最大值并且使用这些最大值的经验分位数 $\widehat{Q}_{1-\alpha}$ 作为 $Q_{1-\alpha}$ 的估计。

最终，可以按照下面的方法计算均值函数的同时置信带：

$$\widehat{m}(x) \pm n^{-1/2}\widehat{G}_{\varphi}(x,\ x)^{1/2}\widehat{Q}_{1-\alpha},\quad x \in [0,\ 1] \tag{3.22}$$

3.4　数值模拟

本节通过模拟实验来说明提出的方法在有限样本情况下的表现。数据从式 (3.23) 中的模型生成：

$$Y_{tj} = m(j/N) + \sum_{k=1}^{2}\xi_{tk}\phi_k(j/N) + \sigma(j/N)\varepsilon_{tj},\ 1 \leqslant j \leqslant N,\ 1 \leqslant t \leqslant n \tag{3.23}$$

案例 1： $m(x) = 10 + \sin\{2\pi(x - 1/2)\}$，$\varepsilon_{tj} \sim N(0,\ 1)$，$1 \leqslant t \leqslant n$，$1 \leqslant j \leqslant N$，$\phi_1(x) = -2\cos\{\pi(x - 1/2)\}$ 且 $\phi_2(x) = \sin\{\pi(x - 1/2)\}$。

这个设定意味着 $\lambda_1 = 2$、$\lambda_2 = 0.5$。$\{\xi_{tk}\}_{t=1,\ k=1}^{n,\ 2}$ 由式 (3.3) 生成，其中 $\{\zeta_{tk}\}_{t=0,\ k=1}^{n,\ 2}$ 是独立同分布 $N(0,\ 1)$ 变量且

$$a_{0k} = 0.8，\quad a_{1k} = 0.6，\quad a_{tk} = 0，\forall t \geqslant 2，\quad k = 1，2$$

曲线的数量 n 分别取为 100、400、900 和 1600，每条曲线上的观测数量 N 分别是 120、500、1000 和 2000。噪声水平包括同方差情况 $\sigma(x) = 0.3$、$\sigma(x) = 0.5$，以及异方差情况 $\sigma(x) = (\exp(x) - 0.9) / (\exp(x) + 0.9)$ 和 $\sigma(x) = 0.1\sin(2\pi x) + 0.2$。

案例 2：设定 $m(x) = 0.4\sin\{50\pi(x - 1/2)\}$ 来模仿 3.5 节中实际数据的例子，ε_{tj}、$\phi_1(x)$、$\phi_2(x)$，以及 $\{\xi_{tk}\}_{t=1,\ k=1}^{n,\ 2}$ 和案例 1 一样。曲线的数量 n 分别取为 100、200、300 和 400，每条曲线上的观测数量 N 为 500。噪声水平是 $\sigma = 0.005$。

本节的均值函数由立方样条估计，即 $p = 4$。每个模拟重复 1000 次。为了可视化均值函数的同时置信带，图 3.1 展示了当噪声水平 $\sigma = 0.3$ 时，案例 1 中的均值函数估计量和关于真实函数 95%的同时置信带。其中，曲线数量 n 分别是 100、400、900、1600，真实的均值函数为实线，估计的均值函数和同时置信带为虚线。正如预期，随着 n 的增加，同时置信带变得更窄，立方样条估计量也更接近真实的均值函数。在所有图中，真实的均值函数都被同时置信带完全覆盖。

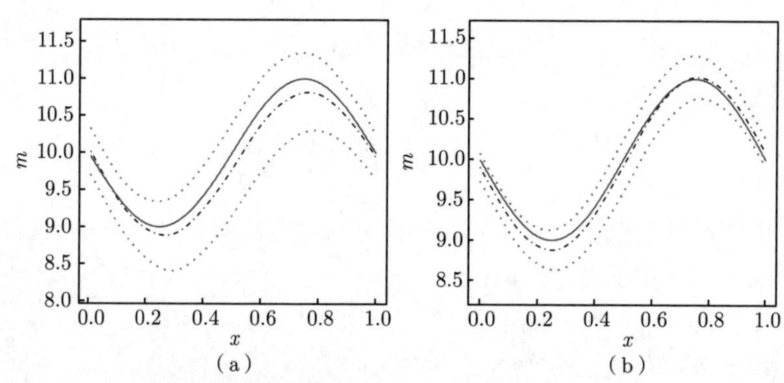

图 3.1　式 (3.6) 中关于模拟数据的立方样条估计量（虚线），式 (3.22) 中关于均值函数 $m(x)$（实线）的 95%同时置信带（点线）

（a）～（d）中观测数量分别为 100、400、900、1600。在所有图中，$\sigma = 0.3$

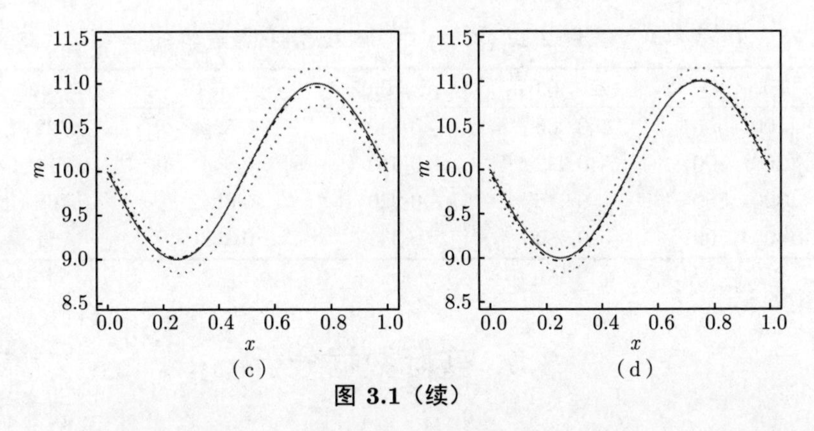

图 3.1（续）

表 3.1 和表 3.3 展示了同时置信带的覆盖率，即在 1000 次重复实验中，真实的均值函数 $m(\cdot)$ 在 $\{1/N,\ \cdots,\ (N-1)/N,\ 1\}$ 中的 N 个点被基于立次样条估计量所构造的同时置信带（式（3.22））包含的频率。表 3.1 和表 3.2 显示，对于案例 1，无论噪声水平或形式如何，随样本量的增加，同时置信带的覆盖率都会更接近预先设定的置信水平。表 3.3 中案例 2 的结果与案例 1 的结果非常相似，这对渐近理论结果是积极的验证。

表 3.1　案例 1 同方差情况下，式 (3.22) 中同时置信带的覆盖率 ($p=4$)

$(n,\ N)$	$\sigma=0.3$				$\sigma=0.5$			
	$\alpha=0.01$	$\alpha=0.05$	$\alpha=0.10$	$\alpha=0.20$	$\alpha=0.01$	$\alpha=0.05$	$\alpha=0.10$	$\alpha=0.20$
(100，120)	0.962	0.897	0.840	0.708	0.957	0.896	0.831	0.692
(400，500)	0.974	0.921	0.871	0.770	0.971	0.919	0.867	0.763
(900，1000)	0.976	0.925	0.882	0.764	0.976	0.925	0.879	0.763
(1600，2000)	0.990	0.943	0.893	0.804	0.990	0.942	0.892	0.802

表 3.2　案例 1 异方差情况下，式 (3.22) 中同时置信带的覆盖率 ($p=4$)

$(n,\ N)$	$\sigma(x)=(\exp(x)-0.9)/(\exp(x)+0.9)$				$\sigma(x)=0.1\sin(2\pi x)+0.2$			
	$\alpha=0.01$	$\alpha=0.05$	$\alpha=0.10$	$\alpha=0.20$	$\alpha=0.01$	$\alpha=0.05$	$\alpha=0.10$	$\alpha=0.20$
(100，120)	0.960	0.895	0.837	0.702	0.963	0.896	0.841	0.713
(400，500)	0.959	0.911	0.845	0.748	0.961	0.912	0.847	0.748
(900，1000)	0.984	0.930	0.882	0.752	0.984	0.912	0.862	0.740
(1600，2000)	0.986	0.942	0.896	0.792	0.986	0.940	0.882	0.784

表 3.3 案例 2 式 (3.22) 中同时置信带的覆盖率 ($p=4$)

(n, N)	$\alpha=0.01$	$\alpha=0.05$	$\alpha=0.10$	$\alpha=0.20$
(100, 500)	0.966	0.882	0.826	0.722
(200, 500)	0.972	0.912	0.844	0.714
(300, 500)	0.976	0.920	0.854	0.766
(400, 500)	0.980	0.938	0.872	0.761

3.5 实际数据分析

本节通过清华大学机械工程系季林红教授研究组收集的脑电图（electro encephalo gram，EEG）数据进一步说明本书提出的同时置信带方法。脑电图以包含大脑功能的丰富信息而闻名。该研究招募了 145 名大学生，并根据国际 10/20 的电极放置系统从 32 个头皮位置记录了脑电图信号。该实验要求参与者经历 5min 的闭眼休息状态，以 1000Hz 采样率记录脑电图信号。

本书选择了一个人第 6 个头皮位置的脑电图，使用中间部分的 200000 个信号，分为 400 个连续片段，每段上有 500 个记录值。每段都可以被视作函数型时间序列的轨迹，一共有 $n=400$ 条轨迹，每条轨迹上有 $N=500$ 个记录。数据的范围是 $-29.2\sim22.8$，噪声水平估计值为 0.026，因此信噪比约为 2000，接近 3.4 节中案例 2 的信噪比。虽然也存在其他合理的 n 和 N 的选择，但这里先计算了使用 B 样条分别估计这 400 段原始脑电图数据的拟合系数 R^2。400 个拟合系数的最小值、25%百分位数、中位数、75%分位数和最大值分别为 0.9993、0.9996、0.9997、0.9998 和 0.9999，显示出对所有时间 t 都非常好的拟合效果。图 3.2 中显示了四条随机选出的拟合曲线，以及 500 个相应的原始脑电图信号记录。

均值函数反映了脑电图信号序列的整体趋势，为进一步的数据分析奠定了基础。选择立方样条 ($p=4$)，并用 3.3 节的赤池信息准则选择节点数，通过式 (3.22) 估计了脑电图信号序列的均值函数。同时置信带可以检验关于均值函数的假设，例如均值函数的某些参数形式。从图 3.3 可以看出，估计得到的均值函数看起来像三角函数，所以提出检验原假

设 $H_0 : m(x) \equiv m_0(x) \equiv a_0 + a_1 \sin(100\pi x) + b_1 \cos(100\pi x)$，参数 a_0、a_1 和 b_1 可通过最小二乘法估计，分别为 $\hat{a}_0 = -0.0148$，$\hat{a}_1 = -0.632$ 和 $\hat{b}_1 = 0.157$。由于同时置信带包含整个原假设曲线的最低置信水平是 2.8%(图 3.3)，所以接受了原假设，p 为 $1 - 0.028 = 0.972$。这有力地说明了脑电图序列的均值函数是三角级数的形式。对其他参与者的脑电图序列均值函数进行了同样的同时置信带检验，得到了类似的结论。

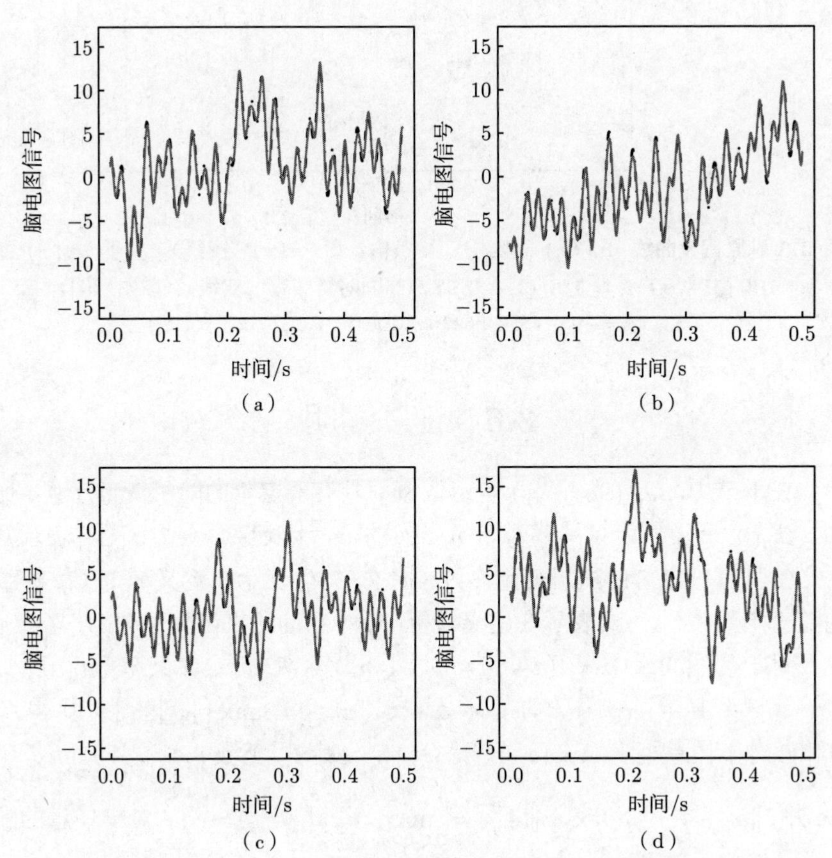

图 3.2　四个随机抽取的 B 样条估计曲线（实线）及其原始脑电图信号数据（虚线）（前附彩图）

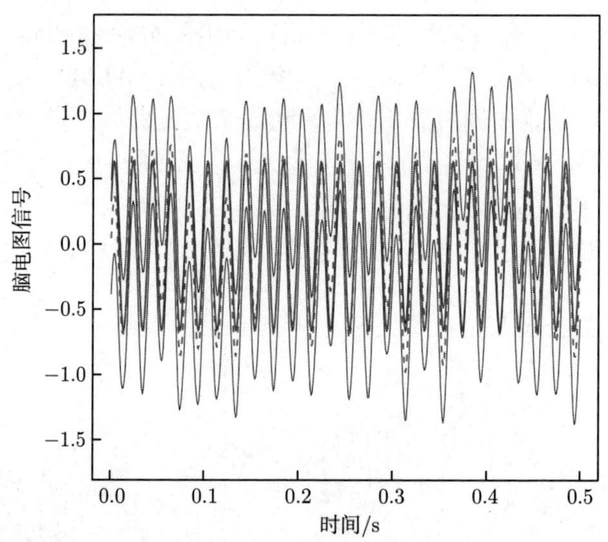

图 3.3　原假设曲线 $m_0(x)$（粗线）、样条估计量 $\widehat{m}(x)$（虚线）、关于 $m(x)$ 的 $100(1-\alpha)\% = 100(1-0.972)\%$同时置信带（实线）（前附彩图）

$m_0(x) = -0.0148 + 0.632\sin(100\pi x) + 0.157\cos(100\pi x)$

3.6　证　　明

在本节中，$\mathcal{O}_p$ (或者 $\scriptstyle\mathcal{O}_p$) 表示依概率具有一定阶的随机变量序列。比如，$o_p\left(n^{-1/2}\right)$ 表示依概率小于 $n^{-1/2}$ 的阶，且 $\mathcal{O}_{\text{a.s.}}$（或 $o_{\text{a.s.}}$）表示几乎必然具有一定阶的随机变量序列。此外，$\mathcal{U}_p$ 表示在定义域上 $\mathcal{O}_p$ 一致的随机函数序列，u_p 表示在定义域上 o_p 一致的随机函数序列。

对于任意向量 $\boldsymbol{a} = (a_1, a_2, \cdots, a_n) \in \mathcal{R}^n$，定义其范数 $\|\boldsymbol{a}\|_r = (|a_1|^r + |a_2|^r + \cdots + |a_n|^r)^{1/r}, 1 \leqslant r < +\infty, \|\boldsymbol{a}\|_\infty = \max\left(|a_1|, |a_2|, \cdots, |a_n|\right)$。对于任意矩阵 $\boldsymbol{A} = (a_{ij})_{i=1, j=1}^{m, n}$，定义其 L_r 范数 $\|\boldsymbol{A}\|_r = \max\limits_{\boldsymbol{a}\in\mathcal{R}^n, \boldsymbol{a}\neq\boldsymbol{0}} \cdot \|\boldsymbol{A}\boldsymbol{a}\|_r \|\boldsymbol{a}\|_r^{-1}$，$r < +\infty$，$\|\boldsymbol{A}\|_r = \max\limits_{1\leqslant i\leqslant m} \sum\limits_{j=1}^{n} |a_{ij}|$，$r = \infty$。对于任意的随机变量 $\boldsymbol{X}$，如果它是 L_p 可积的，定义其 L_p 范数为 $\|\boldsymbol{X}\|_p = (\mathbb{E}|\boldsymbol{X}|^p)^{1/p}$。

3.6.1　预备引理

引理 3.1　(文献 [52] 中的定理 2.6.7) 假设 $\xi_i, 1 \leqslant i \leqslant n$ 独立同分布且 $\mathbb{E}(\xi_1) = 0$，$\mathbb{E}(\xi_1^2) = 1$。若 $H(x)$ 是一个在 $(0, \infty)$ 上单调连续的非负

函数，且满足存在 $\gamma>0$，使得 $x^{-2-\gamma}H(x)$ 单调递增，$x^{-1}\log H(x)$ 单调递减，$\mathbb{E}H(|\xi_1|)<\infty$。那么存在只依赖于 ξ_1 分布的常数 C_1，C_2，$a>0$，和一个布朗运动序列 $\{W_n(m)\}_{n=1}^{\infty}$，使得对任意满足 $H^{-1}(n)<x_n<C_1(n\log n)^{1/2}$ 的序列 $\{x_n\}_{n=1}^{\infty}$，都有 $\mathbb{P}\{\max_{1\leqslant m\leqslant n}|S_m-W_n(m)|>x_n\}\leqslant C_2n\{H(ax_n)\}^{-1}$，$S_m=\sum\limits_{i=1}^{m}\xi_i$。

引理 3.2　(文献 [47] 中的定理 7.5) 令 $(\Omega,\ \mathcal{F},\ \mathbb{P})$ 为一个概率空间，且 X 是从 Ω 到 $C[0,\ 1]$ 的映射，即 $X(\omega)$ 是 $C[0,\ 1]$ 中的一个元素，且在 t 处的取值 $X_t(\omega)=X(t,\ \omega)$。对于 $F\in C[0,\ 1]$，其连续模为 $\omega(F,\ h)=\sup\limits_{x,\ x'\in[0,\ 1]|x-x'|\leqslant h}|F(x')-F(x)|$。假设 X，X^1，X^2，$\cdots$ 是随机函数。如果对于所有的 t_1，t_2，$\cdots$，t_k，$(X_{t_1}^n,\ X_{t_2}^n,\ \cdots,\ X_{t_k}^n)\xrightarrow{d}(X_{t_1},\ X_{t_2},\ \cdots,\ X_{t_k})$ 都成立，且对于任意的正数 ϵ，有

$$\lim_{\delta\to0}\limsup_{n\to\infty}\mathbb{P}\left[\omega\left(X^n,\ \delta\right)\geqslant\epsilon\right]=0 \tag{3.24}$$

那么 $X^n\xrightarrow{d}X$。

引理 3.3　对于 $n>2$，$a>2$，若 $W_i\sim N(0,\ \sigma_i^2)$，$\sigma_i>0$，$i=1$，2，$\cdots$，$n$，那么

$$\mathbb{P}\left(\max_{1\leqslant i\leqslant n}|W_i/\sigma_i|>a\sqrt{\log n}\right)<\sqrt{\frac{2}{\pi}}n^{1-a^2/2} \tag{3.25}$$

当 n 趋近于 ∞ 时，$\left(\max\limits_{1\leqslant i\leqslant n}|W_i|\right)\Big/\left(\max\limits_{1\leqslant i\leqslant n}\sigma_i\right)\leqslant\max\limits_{1\leqslant i\leqslant n}|W_i/\sigma_i|=\mathcal{O}_{\text{a.s.}}(\sqrt{\log n})$。

证明：　注意到当 $n>2$、$a>2$ 时，

$$\begin{aligned}&\mathbb{P}\left(\max\nolimits_{1\leqslant i\leqslant n}\left|\frac{W_i}{\sigma_i}\right|>a\sqrt{\log n}\right)\\&\leqslant\sum_{i=1}^{n}\mathbb{P}\left(\left|\frac{W_i}{\sigma_i}\right|>a\sqrt{\log n}\right)\leqslant 2n\left\{1-\Phi\left(a\sqrt{\log n}\right)\right\}\\&<2n\frac{\phi\left(a\sqrt{\log n}\right)}{a\sqrt{\log n}}\leqslant 2n\phi\left(a\sqrt{\log n}\right)=\sqrt{\frac{2}{\pi}}n^{1-a^2/2}\end{aligned}$$

式 (3.25) 得证。在 $a>2$ 时应用玻莱尔-康特立引理（Borel-Cantelli lemma）即可完成剩下的证明。

引理 3.4 若假设（A3）、假设（A4）和假设（A5'）成立，则假设（A5）也成立。

证明： 在假设（A5'）下，$\mathbb{E}\left|\zeta_{tk}\right|^{r_1}<\infty$，$r_1>4+2\omega$，$\mathbb{E}\left|\varepsilon_{tj}\right|^{r_2}<\infty$，$r_2>4+2\theta$。其中，$\omega$ 在假设（A4）中定义，θ 在假设（A3）中定义，所以存在 β_0，β_1，$\beta_2\in(0,\ 1/2)$，使得 $r_1>(2+\omega)/\beta_0$，$r_2>(2+\theta)/\beta_2$。

令 $H(x)=x^{r_1}$。引理 3.1 保证存在依赖于 ζ_{tk} 分布的常数 c_{1k} 和 a_k，使得对于 $x_n=(n+I_n)^{\beta_0}$，$(n+I_n)/H(a_kx_n)=a_k^{-r_1}(n+I_n)^{1-r_1\beta_0}$ 和独立同分布的 $N(0,\ 1)$ 变量 $Z_{tk,\ \zeta}$，有

$$
\begin{aligned}
&\mathbb{P}\left\{\max_{-I_n+1\leqslant\tau\leqslant n}\left|\sum_{t=-I_n+1}^{\tau}\zeta_{tk}-\sum_{t=-I_n+1}^{\tau}Z_{tk,\ \zeta}\right|>(n+I_n)^{\beta_0}\right\}\\
&<c_{1k}a_k^{-r_1}(n+I_n)^{1-r_1\beta_0}
\end{aligned}
$$

由假设（A5'）可知，$\{\zeta_{tk}\}_{t=-I_n+1,\ k=1}^{n,\ k_n}$ 只有有限个不同的分布，所以存在一个相同的 $c_1>0$，使得

$$
\begin{aligned}
&\max_{1\leqslant k\leqslant k_n}\mathbb{P}\left\{\max_{-I_n+1\leqslant\tau\leqslant n}\left|\sum_{t=-I_n+1}^{\tau}\zeta_{t,\ k}-\sum_{t=-I_n+1}^{\tau}Z_{tk,\ \zeta}\right|>(n+I_n)^{\beta_0}\right\}\\
&<c_1(n+I_n)^{1-r_1\beta_0}
\end{aligned}
$$

因为由定义 $I_n\asymp\log n$，存在 $\epsilon>\beta_0\log\{(n+I_n)/n\}/\log n$，使得 $n^{\beta_0+\epsilon}>(n+I_n)^{\beta_0}$。注意到当 n 趋近于 ∞ 时，$\beta_0\log\{(n+I_n)/n\}/\log n$ 趋近于 0，即可以选择 $\epsilon<1/2-\beta_0$。记 $\beta_1=\beta_0+\epsilon$，那么有 $\beta_1<1/2$ 且 $n^{\beta_1}>(n+I_n)^{\beta_0}$。因为 $1-r_1\beta_0<0$，很显然 $(n+I_n)^{1-r_1\beta_0}<n^{1-r_1\beta_0}$。所以有

$$
\max_{1\leqslant k\leqslant k_n}\mathbb{P}\left\{\max_{-I_n+1\leqslant\tau\leqslant n}\left|\sum_{t=-I_n+1}^{\tau}\zeta_{t,\ k}-\sum_{t=-I_n+1}^{\tau}Z_{tk,\ \zeta}\right|>n^{\beta_1}\right\}<c_1n^{1-r_1\beta_0}
$$

结合 $r_1>(2+\omega)/\beta_0$，可以令 $\gamma_1=r_1\beta_0-1-\omega>1$，存在 $C_1>0$，使得

$$
\mathbb{P}\left\{\max_{1\leqslant k\leqslant k_n}\max_{-I_n+1\leqslant\tau\leqslant n}\left|\sum_{t=-I_n+1}^{\tau}\zeta_{t,\ k}-\sum_{t=-I_n+1}^{\tau}Z_{tk,\ \zeta}\right|>n^{\beta_1}\right\}
$$

$$< k_n c_1 n^{1-r_1\beta_0} \leqslant C_1 n^{-\gamma_1}$$

类似地，在假设（A5'）下，取 $H(x)=x^{r_2}$，引理 3.1 意味着存在依赖于 ε_{ij} 分布的常数 c_2 和 b，使得对于 $x_N=N^{\beta_2}$，$N/H(bx_N)=b^{-r_2}N^{1-r_2\beta_2}$ 和独立同分布的标准正态分布变量 $\{Z_{tj,\ \varepsilon}\}_{t=1,\ j=1}^{n,\ N}$，有

$$\max_{1\leqslant t\leqslant n}\mathbb{P}\left\{\max_{1\leqslant\tau\leqslant N}\left|\sum_{j=1}^{\tau}\varepsilon_{tj}-\sum_{j=1}^{\tau}Z_{tj,\ \varepsilon}\right|>N^{\beta_2}\right\}<c_2 b^{-r_2}N^{1-r_2\beta_2}$$

假设（A3）说明 $n=\mathcal{O}\left(N^{\theta}\right)$，所以存在 $C_2>0$，使得

$$\begin{aligned}&\mathbb{P}\left\{\max_{1\leqslant t\leqslant n}\max_{1\leqslant\tau\leqslant N}\left|\sum_{j=1}^{\tau}\varepsilon_{tj}-\sum_{j=1}^{\tau}Z_{tj,\ \varepsilon}\right|>N^{\beta_2}\right\}\\&<c_2 b^{-r_2}n\times N^{1-r_2\beta_2}\leqslant C_2 N^{\theta+1-r_2\beta_2}\end{aligned}$$

因为 $r_2\beta_2>(2+\theta)$，所以 $\gamma_2=r_2\beta_2-1-\theta>1$，从而假设（A5）成立。

引理3.5　若假设（A5）和假设（A5'）成立，那么当 n 趋近于 ∞ 时，存在 C_3、$C_4\in(0,\ +\infty)$，$\gamma_3\in(1,\ +\infty)$，$\beta_3\in(0,\ 1/2)$ 和服从标准正态 $N(0,\ 1)$ 分布的随机变量 $Z_{tk,\ \xi}=\sum\limits_{t'=0}^{\infty}a_{t'k}Z_{t-t',\ k,\ \zeta}$，$t=1,\ 2,\ \cdots,\ n$，$k=1,\ 2,\ \cdots,\ k_n$，其中 $Z_{tk,\ \zeta}$ 在引理 3.4 中已经被定义。那么对于 $1\leqslant j\leqslant n$，$1\leqslant h\leqslant n-j$，$\operatorname{Cov}(Z_{jk,\ \xi},\ Z_{j+h,\ k,\ \xi})=\sum\limits_{m=0}^{\infty}a_{mk}a_{m+h,\ k}$，有

$$\mathbb{P}\left\{\max_{1\leqslant k\leqslant k_n}\max_{1\leqslant\tau\leqslant n}\left|\sum_{t=1}^{\tau}\xi_{tk}-\sum_{t=1}^{\tau}Z_{tk,\ \xi}\right|>C_3 n^{\beta_3}\right\}<C_4 n^{-\gamma_3}\tag{3.26}$$

证明：因为 $\sum\limits_{t=0}^{\infty}a_{tk}^2=1$，且对于 $t=0,\ 1,\ \cdots,\ n$ 和 $k=1,\ 2,\ \cdots,\ k_n$，$|a_{tk}|<C_a\rho_a^t$，结合假设（A5）中 $I_n>-10\log n/\log\rho_a$，有当 $t'>I_n$ 时，$\rho_a^{I_n}<n^{-10}$，$|a_{t'k}|<C_a n^{-10}\rho_a^{t'-I_n}$，且对一些常数 $M>0$，$\sum\limits_{t=0}^{I_n}|a_{tk}|<M$。显然，

$$\xi_{tk}=\sum_{t'=0}^{I_n}a_{t'k}\zeta_{t-t',\ k}+\sum_{t'=I_n+1}^{\infty}a_{t'k}\zeta_{t-t',\ k}$$

$$\left|\xi_{tk}-\sum_{t'=0}^{I_n}a_{t'k}\zeta_{t-t',\ k}\right|\leqslant\sum_{t'=I_n+1}^{\infty}C_a n^{-10}\rho_a^{t'-I_n}\left|\zeta_{t-t',\ k}\right|$$

$$\left|\xi_{tk}-\sum_{t'=0}^{I_n}a_{t'k}\zeta_{t-t',\ k}\right|\leqslant C_a n^{-10}\sum_{t'=1}^{\infty}\rho_a^{t'}\left|\zeta_{t-I_n-t',\ k}\right|$$

所以，

$$\begin{aligned}&\max_{1\leqslant k\leqslant k_n}\max_{1\leqslant\tau\leqslant n}\left|\sum_{t=1}^{\tau}\xi_{tk}-\sum_{t=1}^{\tau}\sum_{t'=0}^{I_n}a_{t'k}\zeta_{t-t',\ k}\right|\\&\leqslant\max_{1\leqslant k\leqslant k_n}\max_{1\leqslant t\leqslant n}C_a n^{-9}\sum_{t'=1}^{\infty}\rho_a^{t'}\left|\zeta_{t-I_n-t',\ k}\right|\end{aligned}$$

定义 $W_{tk}=\sum\limits_{t'=1}^{\infty}\rho_a^{t'}|\zeta_{t-I_n-t',\ k}|$。注意到 $\sup_{t,\ k}\mathbb{E}\left|\zeta_{t,\ k}\right|^{r_1}<\infty$，其中 $r_1>4+2\omega$，

$$\left\|W_{tk}\right\|_{r_1}\leqslant\sum_{t'=1}^{\infty}\rho_a^{t'}\left\|\zeta_{l-I_n-t',\ k}\right\|_{r_1}<\infty$$

因此，存在 $K>0$，使得 $\mathbb{E}W_{tk}^{r_1}<K$，$t=1,\ 2,\ \cdots,\ n$，$k=1,\ 2,\ \cdots,\ k_n$。注意到假设（A4）中 $k_n=\mathcal{O}\left(n^{\omega}\right)$，所以，

$$\begin{aligned}&\mathbb{P}\left(C_a n^{-9}\max_{1\leqslant k\leqslant k_n}\max_{1\leqslant t\leqslant n}W_{tk}>Mn^{\beta_3}\right)\\&<nk_n\frac{C_a^{r_1}K}{M^{r_1}}n^{-(\beta_3+9)r_1}<\frac{C_a^{r_1}K}{M^{r_1}}n^{-(\beta_3+9)r_1+1+\omega}\end{aligned}$$

所以，

$$\begin{aligned}&\mathbb{P}\left[\max_{1\leqslant k\leqslant k_n}\max_{1\leqslant\tau\leqslant n}\left|\sum_{t=1}^{\tau}\xi_{tk}-\sum_{t=1}^{\tau}\sum_{t'=0}^{I_n}a_{t'k}\zeta_{t-t',\ k}\right|>Mn^{\beta_3}\right]\\&<\frac{C_a^{r_1}K}{M^{r_1}}n^{-(\beta_3+9)r_1+1+\omega}\end{aligned}$$

接下来定义 $U_{tk}=\sum\limits_{t'=I_n+1}^{\infty}a_{t'k}Z_{t-t',\ k,\ \zeta}$，那么 U_{tk} 服从 $N\left(0,\ \sum\limits_{t'=I_n+1}^{\infty}a_{t'k}^2\right)$，$k=1,\ \cdots,\ k_n$。很显然，

$$\max_{1\leqslant k\leqslant k_n}\max_{1\leqslant\tau\leqslant n}\left|\sum_{t=1}^{\tau}\sum_{t'=I_n+1}^{\infty}a_{t'k}Z_{t-t',\ k,\ \zeta}\right|\leqslant n\max_{1\leqslant k\leqslant k_n}\max_{1\leqslant t\leqslant n}\left|U_{tk}\right|$$

注意到存在 $C>0$，使得 $\sum\limits_{t'=I_n+1}^{\infty}a_{t'k}^2<Cn^{-20}$，$k=1,\ 2,\ \cdots,\ k_n$，且

对于一些 $\omega>0$，$k_n=\mathcal{O}(n^{\omega})$，有

$$\mathbb{P}\left(n\max_{1\leqslant k\leqslant k_n}\max_{1\leqslant t\leqslant n}|U_{tk}|>Mn^{\beta_3}\right)<nk_n\frac{Cn^{-20}}{M^2\left(n^{\beta_3-1}\right)^2}<\frac{C}{M^2}n^{-17-2\beta_3+\omega}$$

可推出

$$\mathbb{P}\left[\max_{1\leqslant k\leqslant k_n}\max_{1\leqslant\tau\leqslant n}\left|\sum_{t=1}^{\tau}\sum_{t'=I_n+1}^{\infty}a_{t'k}Z_{t-t',\ k,\ \zeta}\right|>Mn^{\beta_3}\right]$$
$$<nk_n\frac{Cn^{-20}}{M^2\left(n^{\beta_3-1}\right)^2}<\frac{C}{M^2}n^{-17-2\beta_3+\omega}$$

现在假设（A5）可以保证对于 $0\leqslant t'\leqslant I_n, 1\leqslant t\leqslant n, -I_n+1\leqslant t-t'\leqslant n$，

$$\mathbb{P}\left\{\max_{1\leqslant k\leqslant k_n}\max_{-I_n+1\leqslant\tau\leqslant n}\left|\sum_{t=-I_n+1}^{\tau}\zeta_{tk}-\sum_{t=-I_n+1}^{\tau}Z_{tk,\ \zeta}\right|>n^{\beta_3}\right\}<C_1n^{-\gamma_1}$$

那么，

$$\mathbb{P}\left[\max_{1\leqslant k\leqslant k_n}\max_{1\leqslant\tau\leqslant n}\left|\sum_{t=1}^{\tau}\sum_{t'=0}^{I_n}a_{t'k}(\zeta_{t-t',\ k}-Z_{t-t',\ k,\ \zeta})\right|>2Mn^{\beta_3}\right]$$
$$=\mathbb{P}\left[\max_{1\leqslant k\leqslant k_n}\max_{1\leqslant\tau\leqslant n}\left|\sum_{t'=0}^{I_n}a_{t'k}\sum_{t=1}^{\tau}(\zeta_{t-t',\ k}-Z_{t-t',\ k,\ \zeta})\right|>2Mn^{\beta_3}\right]$$
$$\leqslant\mathbb{P}\left[\max_{1\leqslant k\leqslant k_n}\left\{\sum_{t'=0}^{I_n}|a_{t'k}|\max_{1\leqslant\tau\leqslant n}\left|\sum_{t=1}^{\tau}\zeta_{t-t',\ k}-\sum_{t=1}^{\tau}Z_{t-t',\ k,\ \zeta}\right|\right\}>2Mn^{\beta_3}\right]$$
$$\leqslant\mathbb{P}\left[M\max_{1\leqslant k\leqslant k_n}\max_{1\leqslant\tau\leqslant n}\max_{0\leqslant t'\leqslant I_n}\left|\sum_{t=1}^{\tau}\zeta_{t-t',\ k}-\sum_{t=1}^{\tau}Z_{t-t',\ k,\ \zeta}\right|>2Mn^{\beta_3}\right]$$
$$\leqslant\mathbb{P}\left\{2\max_{1\leqslant k\leqslant k_n}\max_{1\leqslant\tau\leqslant n}\left|\sum_{t=-I_n+1}^{\tau}\zeta_{tk}-\sum_{t=-I_n+1}^{\tau}Z_{tk,\ \zeta}\right|>2n^{\beta_3}\right\}<C_1n^{-\gamma_1}$$

所以，

$$\mathbb{P}\left[\max_{1\leqslant k\leqslant k_n}\max_{1\leqslant\tau\leqslant n}\left|\sum_{t=1}^{\tau}\xi_{tk}-\sum_{t=1}^{\tau}\left(\sum_{t'=0}^{\infty}a_{t'k}Z_{t-t',\ k,\ \zeta}\right)\right|>4Mn^{\beta_3}\right]$$
$$=\mathbb{P}\left[\max_{1\leqslant k\leqslant k_n}\max_{1\leqslant\tau\leqslant n}\left|\sum_{t=1}^{\tau}\xi_{tk}-\sum_{t=1}^{\tau}\sum_{t'=0}^{I_n}a_{t'k}\zeta_{t-t',\ k}+\sum_{t=1}^{\tau}\sum_{t'=0}^{I_n}a_{t'k}\zeta_{t-t',\ k}-\right.\right.$$

$$
\begin{aligned}
&\sum_{t=1}^{\tau}\sum_{t'=0}^{I_n} a_{t'k}Z_{t-t',\ k,\ \zeta}- \\
&\left.\sum_{t=1}^{\tau}\sum_{t'=I_n+1}^{\infty} a_{t'k}Z_{t-t',\ k,\ \zeta}\right| > 4Mn^{\beta_3}\Bigg] \\
\leqslant\ & \mathbb{P}\left[\max_{1\leqslant k\leqslant k_n}\max_{1\leqslant\tau\leqslant n}\left\{\left|\sum_{t=1}^{\tau}\xi_{tk}-\sum_{t=1}^{\tau}\sum_{t'=0}^{I_n}a_{t'k}\zeta_{t-t',\ k}\right|+\right.\right. \\
&\left|\sum_{t=1}^{\tau}\sum_{t'=0}^{I_n}a_{t'k}\zeta_{t-t',\ k}-\sum_{t=1}^{\tau}\sum_{t'=0}^{I_n}a_{t'k}Z_{t-t',\ k,\ \zeta}\right|+ \\
&\left.\left.\left|\sum_{t=1}^{\tau}\sum_{t'=I_n+1}^{\infty}a_{t'k}Z_{t-t',\ k,\ \zeta}\right|\right\} > 4Mn^{\beta_3}\right] \\
\leqslant\ & \mathbb{P}\left[\max_{1\leqslant k\leqslant k_n}\max_{1\leqslant\tau\leqslant n}\left|\sum_{t=1}^{\tau}\xi_{tk}-\sum_{t=1}^{\tau}\sum_{t'=0}^{I_n}a_{t'k}\zeta_{t-t',\ k}\right| > Mn^{\beta_3}\right]+ \\
&\mathbb{P}\left[\max_{1\leqslant k\leqslant k_n}\max_{1\leqslant\tau\leqslant n}\left|\sum_{t=1}^{\tau}\sum_{t'=0}^{I_n}a_{t'k}\zeta_{t-t',\ k}-\right.\right. \\
&\left.\left.\sum_{t=1}^{\tau}\sum_{t'=0}^{I_n}a_{t'k}Z_{t-t',\ k,\ \zeta}\right| > 2Mn^{\beta_3}\right]+ \\
&\mathbb{P}\left[\max_{1\leqslant k\leqslant k_n}\max_{1\leqslant\tau\leqslant n}\left|\sum_{t=1}^{\tau}\sum_{t'=I_n+1}^{\infty}a_{t'k}Z_{t-t',\ k,\ \zeta}\right| > Mn^{\beta_3}\right] \\
\leqslant\ & \frac{C_a^{r_1}K}{M^{r_1}}n^{-(\beta_3+9)r_1+1+\omega}+\frac{C}{M^2}n^{-17-2\beta_3+\omega}+C_1n^{-\gamma_1}<C_4n^{-\gamma_3}
\end{aligned}
$$

记 $C_3=4M$ 和 $Z_{tk,\ \xi}=\sum\limits_{t'=0}^{\infty}a_{t'k}Z_{t-t',\ k,\ \zeta}(t=1,\ 2,\ \cdots,\ n;\ k=1,\ 2,\ \cdots,\ k_n)$，那么 $\{Z_{tk,\ \xi}\}_{t=1,\ k=1}^{n,\ k_n}$ 是 $N(0,\ 1)$ 的随机变量且 $\mathrm{Cov}(Z_{j,\ k,\ \xi},\ Z_{j+h,\ k,\ \xi})=\sum\limits_{m=0}^{\infty}a_{mk}a_{m+h,\ k}$，$1\leqslant j\leqslant n$，$1\leqslant h\leqslant n-j$，所以

$$
\mathbb{P}\left[\max_{1\leqslant k\leqslant k_n}\max_{1\leqslant\tau\leqslant n}\left|\sum_{t=1}^{\tau}\xi_{tk}-\sum_{t=1}^{\tau}Z_{tk,\ \xi}\right| > C_3n^{\beta_3}\right] < C_4n^{-\gamma_3}
$$

定理证明完毕。

引理 3.6 若假设（A2）、假设（A5）和假设（A6）成立，当 n 趋

近于 ∞ 时，

$$\max_{1\leqslant\ell\leqslant J_s+p}\left|(nN)^{-1}\sum_{t=1}^{n}\sum_{j=1}^{N}B_{\ell,\ p}(j/N)\sigma\left(j/N\right)Z_{tj,\ \varepsilon}\right|$$
$$=\mathcal{O}_{\text{a.s.}}\left(n^{-1/2}N^{-1/2}J_s^{-1/2}\log^{1/2}N\right)$$

证明： 注意到 $(nN)^{-1}\sum\limits_{t=1}^{n}\sum\limits_{j=1}^{N}B_{\ell,\ p}(j/N)\sigma\left(j/N\right)Z_{tj,\ \varepsilon}=N^{-1}\sum\limits_{j=1}^{N}B_{\ell,\ p}(j/N)\sigma\left(j/N\right)Z_{\cdot j,\ \varepsilon}$。其中，$Z_{\cdot j,\ \varepsilon}=n^{-1}\sum\limits_{t=1}^{n}Z_{tj,\ \varepsilon}$。可以使用引理 3.3 得到零均值的高斯变量 $N^{-1}\sum\limits_{j=1}^{N}B_{\ell,\ p}(j/N)\sigma\left(j/N\right)Z_{\cdot j,\ \varepsilon}(1\leqslant\ell\leqslant J_s+p)$ 的一致上界，其方差为

$$\mathbb{E}\left\{N^{-1}\sum_{j=1}^{N}B_{\ell,\ p}(j/N)\sigma\left(j/N\right)Z_{\cdot j,\ \varepsilon}\right\}^2$$
$$=n^{-1}N^{-2}\sum_{j=1}^{N}B_{\ell,\ p}^2\left(\frac{j}{N}\right)\sigma^2\left(\frac{j}{N}\right)$$
$$=n^{-1}N^{-1}\left\|B_{\ell,\ p}\sigma\right\|_{2,\ N}^2\asymp J_s^{-1}N^{-1}n^{-1}$$

由引理 3.3 可得

$$\max_{1\leqslant\ell\leqslant J_s+p}\left|N^{-1}\sum_{j=1}^{N}B_{\ell,\ p}(j/N)\sigma\left(j/N\right)Z_{\cdot j,\ \varepsilon}\right|$$
$$=\mathcal{O}_{\text{a.s.}}\left\{n^{-1/2}N^{-1/2}J_s^{-1/2}\log^{1/2}\left(J_s+p\right)\right\}$$
$$=\mathcal{O}_{\text{a.s.}}\left(n^{-1/2}N^{-1/2}J_s^{-1/2}\log^{1/2}N\right)\tag{3.27}$$

其中，最后一步根据假设（A6）中 J_s 关于 N 的阶数得到。所以该引理成立。

引理 3.7　若假设（A2）、假设（A5）和假设（A6）成立，当 n 趋近于 ∞ 时，

$$\sup_{x\in[0,\ 1]}n^{-1}\left|\sum_{t=1}^{n}\widetilde{\varepsilon}_t(x)\right|=\mathcal{O}_{\text{a.s.}}\left(n^{-1/2}N^{-1/2}J_s^{1/2}\log^{1/2}N+N^{\beta_2-1}J_s\right)$$

证明： 根据假设（A5），很显然，

$$\max_{1\leqslant t\leqslant n}\max_{1\leqslant j\leqslant N}\left|N^{-1}\sum_{i=1}^{j}(\varepsilon_{ti}-Z_{ti,\ \varepsilon})\right|=\mathcal{O}_{\mathrm{a.s.}}(N^{\beta_2-1})$$

接下来，B 样条基满足对于任意 $1\leqslant j\leqslant N$ 和 $1\leqslant \ell\leqslant J_s+p$，

$$\left|B_{\ell,\ p}\left(\frac{j}{N}\right)-B_{\ell,\ p}\left(\frac{j+1}{N}\right)\right|\leqslant N^{-1}\left\|B_{\ell,\ p}\right\|_{0,\ 1}\leqslant CJ_sN^{-1}$$

而假设（A2）和假设（A6）中有 $J_sN^{-1}\sim N^{\gamma}d_NN^{-1}\sim N^{\gamma-1}d_N\gg N^{-\nu}$，所以对于任意 $1\leqslant j\leqslant N$，

$$\left|\sigma\left(\frac{j}{N}\right)-\sigma\left(\frac{j+1}{N}\right)\right|\leqslant N^{-\nu}\left\|\sigma\right\|_{0,\ \nu}\leqslant CJ_sN^{-1}$$

注意到当 $1\leqslant \ell\leqslant J_s+p$ 时，$B_{\ell,\ p}(\cdot)$ 和 $\sigma(\cdot)$ 在 $[0,\ 1]$ 上都是有界的，那么

$$\begin{aligned}&\left|B_{\ell,\ p}\left(\frac{j}{N}\right)\sigma\left(\frac{j}{N}\right)-B_{\ell,\ p}\left(\frac{j+1}{N}\right)\sigma\left(\frac{j+1}{N}\right)\right|\\&=\left|\left\{B_{\ell,\ p}\left(\frac{j}{N}\right)-B_{\ell,\ p}\left(\frac{j+1}{N}\right)+B_{\ell,\ p}\left(\frac{j+1}{N}\right)\right\}\sigma\left(\frac{j}{N}\right)-\right.\\&\qquad\left.B_{\ell,\ p}\left(\frac{j+1}{N}\right)\sigma\left(\frac{j+1}{N}\right)\right|\\&\leqslant\left|B_{\ell,\ p}\left(\frac{j}{N}\right)-B_{\ell,\ p}\left(\frac{j+1}{N}\right)\right|\sigma\left(\frac{j}{N}\right)+\\&\qquad\left|\sigma\left(\frac{j}{N}\right)-\sigma\left(\frac{j+1}{N}\right)\right|B_{\ell,\ p}\left(\frac{j+1}{N}\right)\\&\leqslant CJ_sN^{-1}\end{aligned}$$

因为 $B_{\ell,\ p}(\cdot)$ 支撑集的长度至多是 $p/(J_s+1)$，所以可以得到

$$\sum_{j=1}^{N-1}\left|B_{\ell,\ p}\left(\frac{j}{N}\right)\sigma\left(\frac{j}{N}\right)-B_{\ell,\ p}\left(\frac{j+1}{N}\right)\sigma\left(\frac{j+1}{N}\right)\right|\leqslant C$$

所以，

$$\left|(nN)^{-1}\sum_{t=1}^{n}\sum_{j=1}^{N}B_{\ell,\ p}(j/N)\sigma(j/N)(\varepsilon_{tj}-Z_{tj,\ \varepsilon})\right|$$

$$
\begin{aligned}
&= \left| n^{-1} \sum_{t=1}^{n} \left[\sum_{j=1}^{N-1} \left\{ B_{\ell,\ p}\left(\frac{j}{N}\right) \sigma\left(\frac{j}{N}\right) - \right.\right.\right. \\
&\quad \left.\left. B_{\ell,\ p}\left(\frac{j+1}{N}\right) \sigma\left(\frac{j+1}{N}\right) \right\} N^{-1} \sum_{i=1}^{j} \left(\varepsilon_{ti} - Z_{ti,\ \varepsilon}\right) \right] + \\
&\quad \left. n^{-1} \sum_{t=1}^{n} \left\{ B_{\ell,\ p}(1)\, \sigma(1)\, N^{-1} \sum_{j=1}^{N} \left(\varepsilon_{tj} - Z_{tj,\ \varepsilon}\right) \right\} \right| \\
&\leqslant \left\{ \max_{1 \leqslant t \leqslant n} \max_{1 \leqslant j \leqslant N} \left| N^{-1} \sum_{i=1}^{j} \left(\varepsilon_{ti} - Z_{ti,\ \varepsilon}\right) \right| \right\} \cdot \\
&\quad \left\{ \sum_{j=1}^{N-1} \left| B_{\ell,\ p}\left(\frac{j}{N}\right) \sigma\left(\frac{j}{N}\right) - B_{\ell,\ p}\left(\frac{j+1}{N}\right) \sigma\left(\frac{j+1}{N}\right) \right| \right\} + \\
&\quad C \left\{ \max_{1 \leqslant t \leqslant n} \max_{1 \leqslant j \leqslant N} \left| N^{-1} \sum_{i=1}^{j} \left(\varepsilon_{ti} - Z_{ti,\ \varepsilon}\right) \right| \right\} \\
&= \mathcal{O}_{\text{a.s.}} \left\{ N^{\beta_2 - 1} + N^{\beta_2 - 1} \right\} = \mathcal{O}_{\text{a.s.}} \left(N^{\beta_2 - 1} \right)
\end{aligned}
$$

所以，

$$
\max_{1 \leqslant \ell \leqslant J_s + p} \left| (nN)^{-1} \sum_{t=1}^{n} \sum_{j=1}^{N} B_{\ell,\ p}(j/N) \sigma(j/N) \left(\varepsilon_{tj} - Z_{tj,\ \varepsilon}\right) \right| = \mathcal{O}_{\text{a.s.}} \left(N^{\beta_2 - 1} \right)
$$

由上述不等式和引理 3.6 可推出

$$
\begin{aligned}
&\max_{1 \leqslant \ell \leqslant J_s + p} \left| (nN)^{-1} \sum_{t=1}^{n} \sum_{j=1}^{N} B_{\ell,\ p}(j/N) \sigma(j/N)\, \varepsilon_{tj} \right| \\
&= \mathcal{O}_{\text{a.s.}} \left(n^{-1/2} N^{-1/2} J_s^{-1/2} \log^{1/2} N + N^{\beta_2 - 1} \right)
\end{aligned}
$$

显然，$(nN)^{-1} \boldsymbol{X}^{\top} \sum\limits_{t=1}^{n} \boldsymbol{\varepsilon}_t = \left\{ (nN)^{-1} \sum\limits_{t=1}^{n} \sum_{j=1}^{N} B_{\ell,\ p}(j/N) \sigma(j/N)\, \varepsilon_{tj} \right\}_{\ell=1}^{J_s+p}$，所以，

$$
\left\| (nN)^{-1} \boldsymbol{X}^{\top} \sum_{t=1}^{n} \boldsymbol{\varepsilon}_t \right\|_{\infty} = \mathcal{O}_{\text{a.s.}} \left(n^{-1/2} N^{-1/2} J_s^{-1/2} \log^{1/2} N + N^{\beta_2 - 1} \right)
$$

结合式 (3.18) 中 $\widetilde{\varepsilon}_i(x)$ 的定义和式 (3.14)，有

$$
\sup_{x \in [0,\ 1]} n^{-1} \left| \sum_{t=1}^{n} \widetilde{\varepsilon}_t(x) \right| = \left\| n^{-1} N^{-1} \boldsymbol{B}(x)^{\top} \boldsymbol{V}_{n,\ p}^{-1} \boldsymbol{X}^{\top} \sum_{t=1}^{n} \boldsymbol{\varepsilon}_t \right\|_{\infty}
$$

$$= \mathcal{O}_{\text{a.s.}}\left(n^{-1/2}N^{-1/2}J_s^{1/2}\log^{1/2}N + N^{\beta_2-1}J_s\right)$$

3.6.2 定理 3.1 的证明

证明： 注意到在引理 3.5 中，$\text{Cov}\left(Z_{jk,\ \xi},\ Z_{j+h,\ k,\ \xi}\right) = \sum\limits_{m=0}^{\infty} a_{mk} \cdot a_{m+h,\ k}$，$1 \leqslant j \leqslant n$，$1 \leqslant h \leqslant n-j$，很容易计算出

$$\text{Var}\left(\overline{Z}_{\cdot k,\ \xi}\right) = n^{-1} + 2n^{-2}\left\{\sum_{m=1}^{n-1}\sum_{t=0}^{\infty}(n-m)a_{tk}a_{t+m,\ k}\right\}$$

记 $\widetilde{\varphi}_k(x) = \overline{Z}_{\cdot k,\ \xi}\phi_k(x)$，$k = 1, 2, \cdots, \infty$，并定义 $\varphi_n(x) = n^{1/2}G_{\varphi}(x,\ x)^{-1/2}\sum\limits_{k=1}^{\infty}\widetilde{\varphi}_k(x)$，那么对任意 $(x_1,\ x_2,\ \cdots,\ x_l) \in [0,\ 1]^l$ 和 $(b_1,\ b_2,\ \cdots,\ b_l) \in \mathbb{R}^l$，

$$\begin{aligned}
&\lim_{n\to\infty}\text{Var}\left(\sum_{i=1}^{l} b_i\varphi_n(x_i)\right)\\
&= \lim_{n\to\infty}\text{Var}\left(n^{1/2}\sum_{i=1}^{l} b_iG_{\varphi}(x_i,\ x_i)^{-1/2}\sum_{k=1}^{\infty}\overline{Z}_{\cdot k,\ \xi}\phi_k(x_i)\right)\\
&= \sum_{i=1}^{l} b_i^2 + 2\sum_{1\leqslant i<j\leqslant l} b_ib_jG_{\varphi}(x_i,\ x_i)^{-1/2}G_{\varphi}(x_j,\ x_j)^{-1/2}G_{\varphi}(x_i,\ x_j)\\
&= \text{Var}\left(\sum_{i=1}^{l} b_i\varphi(x_i)\right)
\end{aligned}$$

所以，

$$\{\varphi_n(x_1),\ \cdots,\ \varphi_n(x_l)\} \xrightarrow{d} \{\varphi(x_1),\ \cdots,\ \varphi(x_l)\} \tag{3.28}$$

假设（A4）说明 $G_{\varphi}(x,\ x) \geqslant C_{\varphi} > 0$，$x \in [0,\ 1]$，所以 $\omega(\varphi_n,\ \delta)$ 满足

$$\begin{aligned}
\omega(\varphi_n,\ \delta) &= \sup_{x,\ x'\in[0,\ 1],\ |x-x'|\leqslant\delta}|\varphi_n(x) - \varphi_n(x')|\\
&\leqslant \sup_{x,\ x'\in[0,\ 1],\ |x-x'|\leqslant\delta} n^{1/2}C_{\varphi}^{-1/2}\sum_{k=1}^{\infty}|\phi_k(x) - \phi_k(x')|\left|\overline{Z}_{\cdot k,\ \xi}\right|\\
&\leqslant n^{1/2}C_{\varphi}^{-1/2}\delta^{\mu}\sum_{k=1}^{\infty}\|\phi_k\|_{0,\ \mu}\left|\overline{Z}_{\cdot k,\ \xi}\right|
\end{aligned}$$

由于 $\mathbb{E}\left|\overline{Z}_{\cdot k,\ \xi}\right| = (2/\pi)^{1/2}\mathrm{Var}\left(\overline{Z}_{\cdot k,\ \xi}\right)^{1/2}$，

$$\begin{aligned}\mathbb{P}\left[\omega\left(\varphi_n,\ \delta\right) \geqslant \epsilon\right] &\leqslant \mathbb{P}\left(n^{1/2}\delta^{\mu}C_{\varphi}^{-1/2}\sum_{k=1}^{\infty}\|\phi_k\|_{0,\ \mu}\left|\overline{Z}_{\cdot k,\ \xi}\right| \geqslant \epsilon\right) \\ &\leqslant \frac{(2/\pi)^{1/2}\delta^{\mu}C_{\varphi}^{-1/2}\sum\limits_{k=1}^{\infty}\|\phi_k\|_{0,\ \mu}\left\{n\mathrm{Var}\left(\overline{Z}_{\cdot k,\ \xi}\right)\right\}^{1/2}}{\epsilon}\end{aligned}$$

因为假设(A4)中的 $\sum\limits_{k=1}^{\infty}\|\phi_k\|_{0,\ \mu} < +\infty$ 且当 n 趋近于 ∞ 时，$n\mathrm{Var}\left(\overline{Z}_{\cdot k,\ \xi}\right) \to 1 + 2\sum\limits_{t=0}^{\infty}\sum\limits_{t'=t+1}^{\infty}a_{tk}a_{t'k}$，显然有

$$\lim_{\delta\to 0}\limsup_{n\to\infty}\frac{(2/\pi)^{1/2}\delta^{\mu}C_{\varphi}^{-1/2}\sum\limits_{k=1}^{\infty}\|\phi_k\|_{0,\ \mu}\left\{n\mathrm{Var}\left(\overline{Z}_{\cdot k,\ \xi}\right)\right\}^{1/2}}{\epsilon} = 0$$

所以，

$$\lim_{\delta\to 0}\limsup_{n\to\infty}\mathbb{P}\left[\omega\left(\varphi_n,\ \delta\right) \geqslant \epsilon\right] = 0$$

根据式 (3.28) 和引理 3.2，$\varphi_n \xrightarrow{d} \varphi$。

注意到

$$\begin{aligned}&n^{1/2}\sup_{x\in[0,\ 1]}G_{\varphi}\left(x,\ x\right)^{-1/2}\left|\sum_{k=1}^{\infty}\left(\overline{Z}_{\cdot k,\ \xi} - \overline{\xi}_{\cdot k}\right)\phi_k(x)\right| \\ &\leqslant n^{1/2}\sup_{x\in[0,\ 1]}G_{\varphi}\left(x,\ x\right)^{-1/2}\sum_{k=1}^{k_n}\left|\overline{Z}_{\cdot k,\ \xi} - \overline{\xi}_{\cdot k}\right|\left|\phi_k(x)\right| + \\ &\quad n^{1/2}\sup_{x\in[0,\ 1]}G_{\varphi}\left(x,\ x\right)^{-1/2}\sum_{k=k_n+1}^{\infty}\left|\overline{Z}_{\cdot k,\ \xi} - \overline{\xi}_{\cdot k}\right|\left|\phi_k(x)\right|\end{aligned}$$

运用式 (3.26) 得到

$$\mathbb{P}\left\{\max_{1\leqslant k\leqslant k_n}\left|\overline{\xi}_{\cdot k} - \overline{Z}_{\cdot k,\ \xi}\right| > C_3 n^{\beta_3 - 1}\right\} < C_4 n^{-\gamma_3}$$

由玻莱尔-康特立引理，有

$$\max_{1\leqslant k\leqslant k_n}\left|\overline{\xi}_{\cdot k} - \overline{Z}_{\cdot k,\ \xi}\right| = \mathcal{O}_{\mathrm{a.s.}}\left(n^{\beta_3 - 1}\right) \tag{3.29}$$

根据假设(A4),$\sum\limits_{k=1}^{\infty}\|\phi_k\|_\infty<+\infty$,所以对于一些常数 C,$\sum\limits_{k=1}^{k_n}\|\phi_k\|_\infty<C$。结合式 (3.29) 和假设（A3)，可以得到

$$
\begin{aligned}
& n^{1/2}\sup_{x\in[0,\ 1]}G_\varphi(x,\ x)^{-1/2}\sum_{k=1}^{k_n}\left|\overline{Z}_{\cdot k,\ \xi}-\overline{\xi}_{\cdot k}\right||\phi_k(x)| \\
& \leqslant n^{1/2}C_G^{-1/2}\sup_{x\in[0,\ 1]}\sum_{k=1}^{k_n}|\phi_k(x)|\max_{1\leqslant k\leqslant k_n}\left|\overline{\xi}_{\cdot k}-\overline{Z}_{\cdot k,\ \xi}\right| \\
& \leqslant n^{1/2}C_G^{-1/2}\sum_{k=1}^{k_n}\|\phi_k\|_\infty\max_{1\leqslant k\leqslant k_n}\left|\overline{\xi}_{\cdot k}-\overline{Z}_{\cdot k,\ \xi}\right| \\
& \leqslant n^{1/2}C_G^{-1/2}C\mathcal{O}_{\text{a.s.}}\left(n^{\beta_3-1}\right)=\mathcal{O}_{\text{a.s.}}\left(n^{\beta_3-1/2}\right)=o_{\text{a.s.}}(1)
\end{aligned}
\tag{3.30}
$$

注意到，

$$
\begin{aligned}
\left(\mathbb{E}\left|\overline{\xi}_{\cdot k}\right|\right)^2 &= \left(\mathbb{E}\left|\overline{Z}_{\cdot k,\ \xi}\right|\right)^2\leqslant\mathbb{E}\overline{Z}_{\cdot k,\ \xi}^2 \\
&= n^{-1}+2n^{-2}\left\{\sum_{m=1}^{n-1}\sum_{t=0}^{\infty}(n-m)a_{tk}a_{t+m,\ k}\right\}
\end{aligned}
$$

所以 $\mathbb{E}\left|\overline{\xi}_{\cdot k}\right|=\mathbb{E}\left|\overline{Z}_{\cdot k,\ \xi}\right|=\mathcal{O}\left(n^{-1/2}\right)$。另外,假设(A4)说明 $\sum\limits_{k=k_n+1}^{\infty}\|\phi_k\|_\infty=o\left(n^{-1/2}\right)$，有

$$
\begin{aligned}
& \mathbb{E}n^{1/2}\sup_{x\in[0,\ 1]}G_\varphi(x,\ x)^{-1/2}\sum_{k=k_n+1}^{\infty}\left|\overline{Z}_{\cdot k,\ \xi}-\overline{\xi}_{\cdot k}\right||\phi_k(x)| \\
& \leqslant n^{1/2}C_G^{-1/2}\sum_{k=k_n+1}^{\infty}\|\phi_k\|_\infty\mathbb{E}\left|\overline{Z}_{\cdot k,\ \xi}-\overline{\xi}_{\cdot k}\right| \\
& \leqslant n^{1/2}C_G^{-1/2}o\left(n^{-1/2}\right)\mathcal{O}\left(n^{-1/2}\right)=o(1)
\end{aligned}
\tag{3.31}
$$

结合式 (3.30) 和式 (3.31) 可以推出

$$
\mathbb{E}n^{1/2}\sup_{x\in[0,\ 1]}G_\varphi(x,\ x)^{-1/2}\left|\sum_{k=1}^{\infty}\left(\overline{Z}_{\cdot k,\ \xi}-\overline{\xi}_{\cdot k}\right)\phi_k(x)\right|=o(1)
$$

所以，

$$
n^{1/2}\sup_{x\in[0,\ 1]}G_\varphi(x,\ x)^{-1/2}\left|\sum_{k=1}^{\infty}\left(\overline{Z}_{\cdot k,\ \xi}-\overline{\xi}_{\cdot k}\right)\phi_k(x)\right|=o_p(1)
$$

注意到

$$\begin{aligned}&\varphi_n(x)-n^{1/2}G_{\varphi}(x,\ x)^{-1/2}\left\{\overline{m}(x)-m(x)\right\}\\&=n^{1/2}G_{\varphi}(x,\ x)^{-1/2}\sum_{k=1}^{\infty}\left(\overline{Z}_{\cdot k,\ \xi}-\overline{\xi}_{\cdot k}\right)\phi_k(x)\end{aligned}$$

所以，

$$\sup_{x\in[0,\ 1]}\left|\varphi_n(x)-n^{1/2}G_{\varphi}(x,\ x)^{-1/2}\left\{\overline{m}(x)-m(x)\right\}\right|=o_p(1)$$

运用斯勒茨基定理，证明得以完成。

3.6.3　定理 3.2 的证明

证明：对任意的 $k=1,\ 2,\ \cdots$，记 $\boldsymbol{\phi}_k=(\phi_k(1/N),\ \cdots,\ \phi_k(N/N))^{\top}$，并定义 $\widetilde{\phi}_k(x)=N^{-1}\boldsymbol{B}(x)^{\top}\boldsymbol{V}_{n,\ p}^{-1}\boldsymbol{X}^{\top}\boldsymbol{\phi}_k$。根据式 (3.16)，$\widetilde{\eta}_t(x)=\widetilde{m}(x)+\sum\limits_{k=1}^{\infty}\xi_{tk}\widetilde{\phi}_k(x)$，所以，

$$\widetilde{\eta}_t(x)-\eta_t(x)=\widetilde{m}(x)-m(x)+\sum_{k=1}^{\infty}\xi_{tk}\left\{\widetilde{\phi}_k(x)-\phi_k(x)\right\}$$

文献 [12] 中的引理 A.4 说明存在一个常数 $C_{q,\ \mu}>0$，使得

$$\|\widetilde{m}-m\|_{\infty}\leqslant C_{q,\ \mu}\|m\|_{q,\ \mu}J_s^{-p^*}\tag{3.32}$$

$$\|\widetilde{\phi}_k-\phi_k\|_{\infty}\leqslant C_{q,\ \mu}\|\phi_k\|_{q,\ \mu}J_s^{-p^*},\quad k\geqslant 1\tag{3.33}$$

所以由式 (3.32)、式 (3.33) 和假设（A4）可以推导出

$$\|\widetilde{\eta}_t-\eta_t\|_{\infty}\leqslant\|\widetilde{m}-m\|_{\infty}+\sum_{k=1}^{\infty}|\xi_{tk}|\|\widetilde{\phi}_k-\phi_k\|_{\infty}\leqslant C_{q,\ \mu}W_tJ_s^{-p^*}$$

其中，$W_t=\|m\|_{q,\ \mu}+\sum\limits_{k=1}^{\infty}|\xi_{tk}|\,\|\phi_k\|_{q,\ \mu}\,(t=1,\ 2,\ \cdots,\ n)$ 是均值有限的独立同分布的非负随机变量。假设（A6）意味着

$$\mathbb{P}\left\{\max_{1\leqslant t\leqslant n}W_t>(n\log n)^{2/r_1}\right\}\leqslant n\frac{\mathrm{E}W_t^{r_1}}{(n\log n)^2}=\mathrm{E}W_t^{r_1}n^{-1}(\log n)^{-2}$$

接着可推出

$$\sum_{n=1}^{\infty}\mathbb{P}\left\{\max_{1\leqslant t\leqslant n}W_t>n\log n\right\}\leqslant \mathrm{E}W_t^{r_1}\sum_{n=1}^{\infty}n^{-1}\left(\log n\right)^{-2}<+\infty$$

所以，$\max_{1\leqslant t\leqslant n}W_t=\mathcal{O}_{\text{a.s.}}\left\{\left(n\log n\right)^{2/r_1}\right\}$，$\max_{1\leqslant t\leqslant n}\left\|\widetilde{\eta}_t-\eta_t\right\|_{\infty}=\mathcal{O}_{\text{a.s.}}\left\{J_s^{-p^*}\left(n\log n\right)^{2/r_1}\right\}$，有

$$\left\|n^{-1}\sum_{t=1}^{n}\left\{\widetilde{\eta}_t(x)-\eta_t(x)\right\}\right\|_{\infty}=\mathcal{O}_{\text{a.s.}}\{J_s^{-p^*}\left(n\log n\right)^{2/r_1}\}$$

注意到引理 3.7 中的 $\left\|n^{-1}\sum\limits_{t=1}^{n}\widetilde{\varepsilon}_t(x)\right\|_{\infty}=\mathcal{O}_{\text{a.s.}}\left(n^{-1/2}N^{-1/2}J_s^{1/2}\log^{1/2}N+N^{\beta_2-1}J_s\right)$ 和式 (3.19)，可以得到

$$\begin{aligned}&\sup_{x\in[0，1]}\left|\overline{m}(x)-\widehat{m}(x)\right|\\&=\mathcal{O}_{\text{a.s.}}\left\{J_s^{-p^*}\left(n\log n\right)^{2/r_1}+n^{-1/2}N^{-1/2}J_s^{1/2}\log^{1/2}N+N^{\beta_2-1}J_s\right\}\end{aligned}$$

假设（A3）和假设（A6）中 J_s 和 n 相对于 N 的阶意味着

$$\sup_{x\in[0，1]}n^{1/2}\left|\overline{m}(x)-\widehat{m}(x)\right|=o_p\left(1\right)$$

定理证明完毕。

第 4 章　局部平稳时间序列的多步向前预测区间

记一个取值为实数值的时间序列数据集为 $\{Y_t\}_{t=1}^T$，通常包含复杂的非平稳结构。为了解释其非平稳性，将等距设计的非参数回归模型扩展到时间序列上，具体来讲，假设观测到的时间序列 $\{Y_t\}_{t=1}^T$ 是下列模型的实现：

$$Y_t = m\left(t/T\right) + \sigma\left(t/T\right) Z_t, \quad t = 1, 2, \cdots, T \tag{4.1}$$

其中，$m(\cdot)$ 是具有一定光滑性的缓慢变化的函数，被称作“趋势项”，$\sigma^2(\cdot)$ 为方差函数，允许不同时间点间存在异方差性。而随机误差 $\{Z_t\}_{t=1}^T$ 被假设为一个平稳弱相关的时间序列，满足 $\mathbb{E}Z_t = 0$，且 $\mathbb{E}Z_t^2 = 1$(为保证模型的可识别性)。$\{Z_t\}_{t=1}^T$ 可拟合下面的 p 阶自回归模型：

$$Z_t = \sum_{k=1}^{p} \phi_k Z_{t-k} + \varepsilon_t, \quad t = p+1, p+2, \cdots, T \tag{4.2}$$

其中，$\{\varepsilon_t\}_{t=p+1}^T$ 是独立同分布的，且均值为 0。在这种假设下，首先可以通过光滑技术将平滑趋势项与噪声误差项分开。

本章的结构安排如下：4.1 节介绍了模型中用于构造多步向前的预测区间的每部分的估计方法。方法实施的细节在 4.2 节中呈现。4.3 节展示了数值模拟的结果。4.4 节将所提方法用于空气污染物浓度的数据，并比较了其与季节性 ARIMA 方法的差异。

4.1 预测区间的构造方法

4.1.1 估计趋势函数 $m(\cdot)$

对于模型 (4.1)，提出用 B 样条的方法估计趋势函数 $\hat{m}(\cdot)$：

$$\hat{m}(\cdot) = \underset{g(\cdot)\in\mathcal{H}^{(p-2)}}{\arg\min} \sum_{t=1}^{T} \{Y_t - g(t/T)\}^2 \tag{4.3}$$

根据式 (4.3) 中的定义，

$$\hat{m}(\cdot) \equiv \sum_{J=1}^{J_s+p} \hat{\beta}_{J,\ p} B_{J,\ p}(\cdot) \tag{4.4}$$

其中，系数 $\left\{\hat{\beta}_{1,\ p},\ \cdots,\ \hat{\beta}_{J_s+p,\ p}\right\}^{\top}$ 通过解最小二乘得到：

$$\left\{\hat{\beta}_{1,\ p},\ \cdots,\ \hat{\beta}_{J_s+p,\ p}\right\}^{\top} = \underset{\{\beta_{1,\ p},\ \cdots,\ \beta_{J_s+p,\ p}\}\in R^{J_s+p}}{\arg\min} \sum_{t=1}^{T} \left\{Y_t - \sum_{J=1}^{J_s+p} \beta_{J,\ p} B_{J,\ p}(t/T)\right\}^2$$

在简单代数运算后，得到

$$\hat{m}(\cdot) = \boldsymbol{B}(\cdot)^{\top} (\boldsymbol{X}^{\top}\boldsymbol{X})^{-1}\boldsymbol{X}^{\top}\boldsymbol{Y} \tag{4.5}$$

其中，向量 $\boldsymbol{Y}$ 包含了来自原始数据 $\{Y_t\}_{t=1}^{T}$ 的噪声项，并且 $\boldsymbol{Y} = (Y_1,\ Y_2,\ \cdots,\ Y_T)^{\top}$，$N \times (J_s + p)$ 阶的样条回归设计矩阵 $\boldsymbol{X}$ 是

$$\boldsymbol{X} = \{\boldsymbol{B}(1/N),\ \cdots,\ \boldsymbol{B}(N/N)\}^{\top} \tag{4.6}$$

其中，$\boldsymbol{B}(\cdot) = \{B_{1,\ p}(\cdot),\ \cdots,\ B_{J_s+p,\ p}(\cdot)\}^{\top}$。

4.1.2　估计方差函数 $\sigma^2(\cdot)$

方差函数 $\sigma^2(\cdot)$ 刻画了误差 e_t 的异方差性。在模型 (4.1) 中，$e_t = Y_t - m(t/T)$，$t = 1$，$\cdots$，T。因为 $m(\cdot)$ 未知，误差 $\{e_t\}_{t=1}^T$ 是不可观测的。本节用上面的估计量 $\hat{m}(\cdot)$ 代替 $m(\cdot)$ 并提出了 $\sigma^2(\cdot)$ 的核估计量：

$$\hat{\sigma}^2(x) = \frac{\sum\limits_{t=1}^{T} K_h(t/T - x)\hat{e}_t^2}{\sum\limits_{t=1}^{T} K_h(t/T - x)} \tag{4.7}$$

其中，$\hat{e}_t = Y_t - \hat{m}(t/N)$，$h = h_T > 0$ 是窗宽且 K 是一个核函数，满足 $K_h(u) = K(u/h)/h$。

4.1.3　自回归系数估计

在模型 (4.2) 中,令人感兴趣的参数是自回归系数 $\boldsymbol{\phi} = (\phi_1, \phi_2, \cdots, \phi_p)^\top$。根据文献 [31] 中的式 (8.1.1)，自回归系数满足

$$\boldsymbol{\phi} = \boldsymbol{\Gamma}_p^{-1}\boldsymbol{\gamma}_p, \quad \boldsymbol{\Gamma}_p = \{\gamma(i-j)\}_{i,\ j=1}^p, \quad \boldsymbol{\gamma}_p = (\gamma(1), \gamma(2), \cdots, \gamma(p))$$

其中，$\gamma(l) = \mathbb{E}(Z_t Z_{t+l})$，$l = 0$，$\pm 1$，$\pm 2$，$\cdots$，表示 $\{Z_t\}_{t=1}^T$ 的自协方差函数。定义 $\widehat{Z}_t = \widehat{e}_t/\widehat{\sigma}(t/T)$，其样本自协方差函数为

$$\widehat{\gamma}(l) = T^{-1}\sum_{t=1}^{T-l} \widehat{Z}_t \widehat{Z}_{t+l}, \quad 0 \leqslant l \leqslant T-1$$

基于残差 $\{\widehat{Z}_t\}_{t=1}^T$，关于 $\boldsymbol{\phi}$ 的经典尤尔-沃克估计量（Yule-Walker estimator）定义为

$$\widehat{\boldsymbol{\phi}} = \widehat{\boldsymbol{\Gamma}}_p^{-1}\widehat{\boldsymbol{\gamma}}_p, \quad \widehat{\boldsymbol{\Gamma}}_p = \{\widehat{\gamma}(i-j)\}_{i,\ j=1}^p, \quad \widehat{\boldsymbol{\gamma}}_p = (\widehat{\gamma}(1), \widehat{\gamma}(2), \cdots, \widehat{\gamma}(p)) \tag{4.8}$$

4.1.4　建立 Y_{T+k} 的预测区间

根据 Kong 等[23] 的研究，基于 $\{Z_t\}_{t=1}^T$，Z_{T+k} 的 k 步向前线性预测量 $\widetilde{Z}_{T+k}^{[k]}(k \geqslant 1)$ 可以循环地定义为

$$\widetilde{Z}_{T+k}^{[k]}=\phi_1\widetilde{Z}_{T+k-1}^{[k-1]}+\cdots+\phi_p\widetilde{Z}_{T+k-p}^{[k-p]} \tag{4.9}$$

且满足

$$\widetilde{Z}_{T+k}^{[k]}=\phi_1^{[k]}Z_T+\cdots+\phi_p^{[k]}Z_{T-p+1}$$

其中,系数向量 $\boldsymbol{\phi}^{[k]}=(\phi_1^{[k]}, \phi_2^{[k]}, \cdots, \phi_p^{[k]})^\top$ 是 $\boldsymbol{\phi}=(\phi_1, \phi_2, \cdots, \phi_p)^\top$ 的一个多元函数 g_k: $\boldsymbol{\phi}^{[k]}=g_k(\boldsymbol{\phi})$,$g_k$ 通过重复运用式 (4.9) 来循环定义。

基于式 (4.8) 中 $\boldsymbol{\phi}$ 的尤尔-沃克估计量 $\widehat{\boldsymbol{\phi}}=(\widehat{\phi}_1, \widehat{\phi}_2, \cdots, \widehat{\phi}_p)^\top$,得到了 $\widehat{\boldsymbol{\phi}}^{[k]}=g_k(\widehat{\boldsymbol{\phi}})$ 的代入估计量 $\widehat{\boldsymbol{\phi}}^{[k]}=(\widehat{\phi}_1^{[k]}, \widehat{\phi}_2^{[k]}, \cdots, \widehat{\phi}_p^{[k]})^\top=g_k(\widehat{\boldsymbol{\phi}})$。定义 $\widehat{Z}_{T+k}^{[k]}$ 为线性预测量 $\widetilde{Z}_{T+k}^{[k]}$ 的数据版本:

$$\widehat{Z}_{T+k}^{[k]}=\widehat{\phi}_1^{[k]}\widehat{Z}_T+\cdots+\widehat{\phi}_p^{[k]}\widehat{Z}_{T-p+1} \tag{4.10}$$

且 $\widehat{\varepsilon}_{T+k}^{[k]}=Z_{T+k}-\widehat{Z}_{T+k}^{[k]}$ 是 k 步向前的预测残差。定义 k 步向前预测误差的分布函数为 $F^{[k]}(x)$,α 分位数为 $q_\alpha^{[k]}$。

基于关于 $F^{[k]}(x)$ 的一个两步代入的核分布估计量 $\widehat{F}^{[k]}(x)$,提出 $q_\alpha^{[k]}$ 的估计量为 $\hat{q}_{n,\ \alpha}^{[k]}=\left(\widehat{F}^{[k]}\right)^{-1}(\alpha)=\inf\left\{x:\widehat{F}^{[k]}(x)\geqslant\alpha\right\}$,其中

$$\widehat{F}^{[k]}(x)=\int_{-\infty}^{x}T^{-1}\sum_{t=k+p}^{T}\tilde{K}_{\tilde{h}}\left(u-\hat{\varepsilon}_t^{[k]}\right)\mathrm{d}u, \quad x\in\mathbb{R} \tag{4.11}$$

其中,$\tilde{h}=\tilde{h}_T>0$ 是窗宽,$\tilde{K}$ 是一个核函数,且 $\tilde{K}_{\tilde{h}}(u)=\tilde{K}\left(u/\tilde{h}\right)/\tilde{h}$,$\widehat{\varepsilon}_t^{[k]}=\widehat{Z}_t-\widehat{Z}_t^{[k]}=\widehat{Z}_t-\widehat{\phi}_1^{[k]}\widehat{Z}_{t-k}-\cdots-\widehat{\phi}_p^{[k]}\widehat{Z}_{t-k-p+1}$,$k+p\leqslant t\leqslant T$ 是预测残差。

因为 $m(\cdot)$ 和 $\sigma(\cdot)$ 均为缓慢变化的函数,所以将趋势函数和方差函数在时间点 $T+k$ 的值近似为其在时间点 T 的值是合理的。即当 k 很小时,分别用 $m(1)$ 和 $\sigma(1)$ 近似。结合 k 步向前的预测量 $\widehat{Z}_{n+k}^{[k]}$ 和其相对应的分位数估计量,k 步向前观测 Y_{T+k} 的 $100(1-\alpha)\%$预测区间最终为如下形式:

$$\left[\widehat{m}(1)+\widehat{\sigma}(1)\left(\widehat{Z}_{T+k}^{[k]}+\hat{q}_{n,\ \alpha/2}^{[k]}\right), \ \widehat{m}(1)+\widehat{\sigma}(1)\left(\widehat{Z}_{T+k}^{[k]}+\hat{q}_{n,\ 1-\alpha/2}^{[k]}\right)\right] \tag{4.12}$$

4.2 实施方法

为了实现提出的方法，需要先得到式 (4.12) 中的未知量 $m(\cdot)$ 和 $\sigma(\cdot)$，以及分位数 $q_{n,\ \alpha/2}^{[k]}$ 的估计。

估计趋势函数 $m(\cdot)$ 主要包括节点数 J_s 和样条阶数 p 的选取。节点数 J_s 经常被视作一个重要的调节参数，因为它对样条拟合的影响很大。从式 (4.4) 中得到样条估计量 $\widehat{m}(\cdot)$，节点数选为 $J_s=[cT^{1/4}\log\log T]$，其中 c 是一个调节常数，$[a]$ 表示 a 的整数部分。默认值为 $p=4$，即立方样条。

为了得到式 (4.7) 中的 $\widehat{\sigma}^2(x)$，选取四阶核函数 $K(u)=15\left(1-u^2\right)^2 I\cdot\{|u|\leqslant 1\}/16$，窗宽为 $h=ch_{\text{rot}}\times\log^{-1/2}T$，其中 c 是一个要调节的常数，且 Fan 等[53] 的经验性的窗宽 h_{rot} 为

$$h_{\text{rot}}=\left[\frac{35\sum\limits_{t=1}^{T}\left\{\widehat{e}_t^2-\sum\limits_{k=0}^{4}\widehat{a}_k\left(t/T\right)^k\right\}^2}{n\sum\limits_{t=1}^{T}\left\{2\widehat{a}_2+6\widehat{a}_3\left(t/T\right)+12\widehat{a}_4\left(t/T\right)^2\right\}^2}\right]^{1/5} \tag{4.13}$$

其中，$\left(\widehat{a}_k\right)_{k=0}^{4}=\operatorname{argmin}_{(a_k)_{k=0}^4\in\mathbb{R}^5}\sum\limits_{t=1}^{T}\left\{\widehat{e}_t^2-\sum\limits_{k=0}^{4}a_k\left(t/n\right)^k\right\}^2$。在大量模拟实验中发现 $J_s=[6T^{1/4}\log\log T]$ 和 $h=0.2h_{\text{rot}}\times\log^{-1/2}T$ 的结果表现良好，这也是本书推荐的参数默认值。

AR 时间序列式 (4.2) 的估计包括阶数的选择和参数估计，其中 Z_t 的部分用 $\widehat{Z}_t$ 来替换。阶数 p 由 AIC 决定。在得到 $\widehat{\boldsymbol{\phi}}=(\widehat{\phi}_1,\ \widehat{\phi}_2,\ \cdots,\ \widehat{\phi}_p)^{\top}$ 的尤尔-沃克估计量后，可以通过下面的递归公式得到 $\widehat{\boldsymbol{\phi}}^{[k]}$：

$$\widehat{\phi}_m^{[k]}=\widehat{\phi}_1^{[k-1]}\widehat{\phi}_m+\widehat{\phi}_{m+1}^{[k-1]},\quad 1\leqslant m\leqslant p-1 \tag{4.14}$$

$$\widehat{\phi}_p^{[k]}=\widehat{\phi}_1^{[k-1]}\widehat{\phi}_p \tag{4.15}$$

其中，$\widehat{\phi}_m^{[0]}=\widehat{\phi}_m$，$m=1,\ 2,\ \cdots,\ p$。

为了估计分位数 $q_\alpha^{[k]}$，选择和式 (4.11) 相同的核函数 $\tilde{K}(u)=15(1-u^2)^2 I\{|u|\leqslant 1\}/16$。窗宽 $\tilde{h}=(4/3T)^{1/5}\hat{s}$，其中 $\hat{s}^2$ 是样本方差。最终，未来观测 Y_{T+k} 的 $100(1-\alpha)\%$ 预测区间可通过式 (4.12) 建立。表 4.1 给出了该算法的具体步骤。

表 4.1 算法：构造未来观测 Y_{T+k} 的 $100(1-\alpha)\%$ 预测区间

输入：数据 $\{Y_t\}_{t=1}^T$

第 1 步：基于式 (4.5) 估计趋势函数 $\hat{m}(\cdot)$，其中 $J_s = \left[6T^{1/4}\log\log T\right]+1$，$p=4$。

第 2 步：记 $\widehat{e}_t = Y_t - \widehat{m}(t/T)$，计算窗宽 $h = 0.2h_{\text{rot}} \times \log^{-1/2} T$，其中 h_{rot} 在式 (4.13) 中定义。

第 3 步：基于式 (4.7)，使用四阶核 $K(u)$ 估计方差函数。

第 4 步：记 $\widehat{Z}_t = \widehat{e}_t / \widehat{\sigma}(t/T)$，基于式 (4.8) 中的残差 $\widehat{Z}_t$ 得到式 (4.2) 中自回归系数的估计。

第 5 步：基于递归公式 (4.14) 计算 $\widehat{\phi}^{[k]}$，通过式 (4.10) 得到数据版本的预测量 $\widehat{Z}_{T+k}^{[k]}$ 和 k 步向前预测残差 $\widehat{\varepsilon}_t^{[k]}$，$k \leqslant t \leqslant T$。

第 6 步：根据式 (4.11) 计算 k 步向前预测残差 $\widehat{\varepsilon}_t^{[k]}$ 的分布函数，得到其 α 分位数 $q_\alpha^{[k]}$。

第 7 步：计算 k 步向前观测 Y_{T+k} 的 $100(1-\alpha)\%$ 预测区间：

$$\left[\widehat{m}(1)+\widehat{\sigma}(1)\left(\widehat{Z}_{T+k}^{[k]}+\hat{q}_{n,\ \alpha/2}^{[k]}\right),\ \widehat{m}(1)+\widehat{\sigma}(1)\left(\widehat{Z}_{T+k}^{[k]}+\hat{q}_{n,\ 1-\alpha/2}^{[k]}\right)\right]$$

输出：k 步向前观测 Y_{T+k} 的 $100(1-\alpha)\%$ 预测区间

4.3 数值模拟

本节通过蒙特卡罗模拟检验提出的方法在有限样本中的表现。数据由以下模型生成：

$$Y_t = m\left(\frac{t}{T+5}\right)+\sigma\left(\frac{t}{T+5}\right)Z_t,\quad t=1,\ \cdots,\ T+5 \tag{4.16}$$

$$Z_t = 0.8Z_{t-1}+\varepsilon_t,\quad t=2,\ \cdots,\ T+5 \tag{4.17}$$

设定式 (4.16) 中的 $m(x)=5+4\cos(2.5\pi x)$,$\sigma(x)=(5-\exp(-x))/(5+\exp(-x))$。独立同分布的误差 $\{\varepsilon_t\}_{t=2}^{T+5}$ 服从三种不同的分布：正态分布 $N(0,\ 0.6^2)$、混合正态分布 $0.5N(-0.5,\ 0.6^2)+0.5N(0.5,\ 0.6^2)$ 和拉普拉斯分布 Laplace$(0,\ 0.6/\sqrt{2})$，三种分布都可以确保 $\mathbb{E}Z_t^2=1$。

样本量 $(T+5)$ 分别取为 1005、2005、4005、8005、16005、32005 和 64005，从模型 (4.17) 中生成了大小为 $T+1005$ 的样本 $\{Z_t\}_{t=-999}^{T+5}$，并删除了前 1000 个值来保证 $\{Z_t\}_{t=1}^{T+5}$ 的严平稳性。数据集 $\{Y_t\}_{t=1}^{T+5}$ 被分成

一个测试集 $\{Y_t\}_{t=T+1}^{T+5}$ 和一个训练集 $\{Y_t\}_{t=1}^{T}$。下面将建立 90%和 95%的本书提出的预测区间 (Proposed PI) 和正态预测区间 (Normal PI)，并在 1000 次重复实验中比较它们的表现。

式 (4.12) 中，90%Proposed PI：$\left[\widehat{m}(1)+\widehat{\sigma}(1)\left(\widehat{Z}_{T+k}^{[k]}+\hat{q}_{n,\ 0.05}^{[k]}\right),\ \widehat{m}(1)+\widehat{\sigma}(1)\left(\widehat{Z}_{T+k}^{[k]}+\hat{q}_{n,\ 0.95}^{[k]}\right)\right]$ 和 95%Proposed PI：$\left[\widehat{m}(1)+\widehat{\sigma}(1)\left(\widehat{Z}_{T+k}^{[k]}+\hat{q}_{n,\ 0.025}^{[k]}\right),\ \widehat{m}(1)+\widehat{\sigma}(1)\left(\widehat{Z}_{T+k}^{[k]}+\hat{q}_{n,\ 0.975}^{[k]}\right)\right]$。90%Normal PI：$\left[\widehat{m}(1)+\widehat{\sigma}(1)\left(\widehat{Z}_{T+k}^{[k]}-1.64\hat{s}(k)\right),\ \widehat{m}(1)+\widehat{\sigma}(1)\left(\widehat{Z}_{T+k}^{[k]}+1.64\hat{s}(k)\right)\right]$ 和 95%Normal PI：$\left[\widehat{m}(1)+\widehat{\sigma}(1)\left(\widehat{Z}_{T+k}^{[k]}-1.96\hat{s}(k)\right),\ \widehat{m}(1)+\widehat{\sigma}(1)\left(\widehat{Z}_{T+k}^{[k]}+1.96\hat{s}(k)\right)\right]$。其中，$\hat{s}(k)$ 是 $\widehat{\varepsilon}_t^{[k]}$ 的标准差，该预测区间是基于 $F^{[k]}(x)$ 为正态这个简单假设构造的。

之后还比较了本书提出的预测区间和季节性差分整合移动平均自回归的预测区间 (seasonal ARIMA PI)，该区间通过拟合式 (4.18) 中经典的 ARIMA 模型得到，季节性周期和阶数由 BIC 自动选择。

表 4.3 和表 4.4 展示了上述 95%和 90%预测区间的平均长度，以及 $Y_{T+k}(k=1，2，3，5)$ 的覆盖率，即 1000 次重复实验中 Y_{T+k} 的真值被预测区间包含的频率。在正态分布的误差 $\{\varepsilon_t\}_{t=2}^{T+5}$ 下，本书提出的预测区间和正态预测区间的覆盖率没有显著差异，随着样本量 T 的增加，两者的覆盖率都接近于预先设定的置信水平，见表 4.2。两种预测区间的长度也非常接近。可以发现 Y_{T+1} 和 Y_{T+2} 的覆盖率高于 Y_{T+3} 和 Y_{T+5}，这也是合理的，因为较少步数的预测总有更高的准确性。

表 4.2　正态分布误差 $\{\varepsilon_t\}_{t=2}^{T+5}$ 下，95%和 90%预测区间的平均长度 (括号内) 和基于 1000 次重复实验未来观测的覆盖率

观测点	T	95%Proposed PI	95%Normal PI	90%Proposed PI	90%Normal PI
	1000	0.841(1.715)	0.837(1.705)	0.775(1.433)	0.776(1.431)
	2000	0.880(1.831)	0.876(1.819)	0.824(1.529)	0.834(1.527)
	4000	0.897(1.886)	0.896(1.876)	0.836(1.577)	0.835(1.574)
Y_{T+1}	8000	0.911(1.915)	0.909(1.906)	0.850(1.602)	0.852(1.600)
	16000	0.944(1.974)	0.944(1.969)	0.904(1.654)	0.904(1.652)
	32000	0.949(2.001)	0.945(2.002)	0.906(1.678)	0.902(1.676)
	64000	0.945(2.012)	0.924(2.009)	0.904(1.686)	0.905(1.685)

续表

观测点	T	95%Proposed PI	95%Normal PI	90%Proposed PI	90%Normal PI
	1000	0.800(2.036)	0.803(2.071)	0.735(1.736)	0.738(1.738)
	2000	0.854(2.248)	0.858(2.262)	0.787(1.902)	0.776(1.898)
	4000	0.891(2.360)	0.890(2.362)	0.844(1.986)	0.840(1.982)
Y_{T+2}	8000	0.902(2.421)	0.902(2.419)	0.851(2.034)	0.846(2.030)
	16000	0.945(2.512)	0.940(2.509)	0.912(2.108)	0.910(2.105)
	32000	0.941(2.553)	0.928(2.557)	0.895(2.144)	0.891(2.141)
	64000	0.934(2.573)	0.932(2.571)	0.894(2.157)	0.895(2.155)
	1000	0.751(2.153)	0.763(2.226)	0.672(1.858)	0.674(1.868)
	2000	0.846(2.429)	0.852(2.469)	0.750(2.074)	0.758(2.072)
	4000	0.899(2.587)	0.902(2.604)	0.842(2.190)	0.838(2.185)
Y_{T+3}	8000	0.900(2.678)	0.902(2.684)	0.843(2.257)	0.838(2.252)
	16000	0.946(2.793)	0.947(2.793)	0.884(2.348)	0.884(2.344)
	32000	0.931(2.846)	0.924(2.852)	0.877(2.400)	2.858(2.388)
	64000	0.936(2.870)	0.932(2.868)	0.901(2.408)	0.902(2.406)
	1000	0.682(2.209)	0.701(2.329)	0.612(1.930)	0.632(1.954)
	2000	0.775(2.554)	0.778(2.629)	0.728(2.202)	0.726(2.206)
	4000	0.884(2.769)	0.892(2.807)	0.821(2.361)	0.817(2.356)
Y_{T+5}	8000	0.905(2.903)	0.910(2.919)	0.834(2.456)	0.834(2.450)
	16000	0.926(3.046)	0.929(3.053)	0.882(2.568)	0.886(2.562)
	32000	0.930(3.116)	0.925(3.126)	0.863(2.631)	0.855(2.618)
	64000	0.934(3.149)	0.935(3.148)	0.880(2.644)	0.880(2.641)

表 4.3 混合正态分布误差 $\{\varepsilon_t\}_{t=2}^{T+5}$ 下，95%和 90%预测区间的平均长度 (括号内) 和基于 1000 次重复实验未来观测的覆盖率

观测点	T	95%Proposed PI	95%Normal PI	90%Proposed PI	90%Normal PI
	1000	0.801(2.357)	0.820(2.419)	0.735(2.002)	0.740(2.030)
	2000	0.866(2.451)	0.877(2.526)	0.822(2.090)	0.828(2.120)
	4000	0.902(2.566)	0.911(2.655)	0.847(2.195)	0.850(2.228)
Y_{T+1}	8000	0.915(2.619)	0.934(2.723)	0.866(2.248)	0.870(2.285)
	16000	0.954(2.681)	0.959(2.794)	0.908(2.306)	0.912(2.345)
	32000	0.941(2.220)	0.942(2.226)	0.896(1.879)	0.896(1.878)
	64000	0.950(2.224)	0.951(2.242)	0.889(1.889)	0.888(1.888)

续表

观测点	T	95%Proposed PI	95%Normal PI	90%Proposed PI	90%Normal PI
	1000	0.799(2.855)	0.811(2.938)	0.744(2.452)	0.746(2.465)
	2000	0.822(3.076)	0.828(3.136)	0.742(2.629)	0.750(2.632)
	4000	0.876(3.292)	0.881(3.344)	0.822(2.807)	0.821(2.806)
Y_{T+2}	8000	0.915(3.406)	0.918(3.455)	0.844(2.902)	0.844(2.900)
	16000	0.920(3.509)	0.924(3.560)	0.881(2.990)	0.880(2.987)
	32000	0.923(2.841)	0.922(2.841)	0.894(2.402)	0.891(2.399)
	64000	0.946(2.873)	0.945(2.876)	0.882(2.412)	0.882(2.415)
	1000	0.734(3.031)	0.773(3.156)	0.657(2.627)	0.664(2.648)
	2000	0.790(3.338)	0.804(3.422)	0.738(2.867)	0.736(2.871)
	4000	0.867(3.628)	0.872(3.687)	0.823(3.098)	0.824(3.094)
Y_{T+3}	8000	0.928(3.790)	0.928(3.834)	0.854(3.224)	0.850(3.218)
	16000	0.937(3.923)	0.939(3.963)	0.886(3.332)	0.886(3.326)
	32000	0.923(3.168)	0.922(3.171)	0.897(2.680)	0.898(2.676)
	64000	0.944(3.208)	0.946(3.212)	0.892(2.699)	0.89(2.696)
	1000	0.698(3.116)	0.718(3.300)	0.641(2.733)	0.642(2.769)
	2000	0.754(3.516)	0.763(3.642)	0.706(3.045)	0.702(3.056)
	4000	0.847(3.895)	0.854(3.976)	0.784(3.341)	0.785(3.337)
Y_{T+5}	8000	0.900(4.118)	0.909(4.171)	0.842(3.509)	0.840(3.500)
	16000	0.938(4.293)	0.938(4.332)	0.855(3.644)	0.848(3.635)
	32000	0.931(3.470)	0.930(3.476)	0.871(2.938)	0.875(2.933)
	64000	0.943(3.522)	0.944(3.525)	0.908(2.963)	0.906(2.960)

表 4.4　拉普拉斯分布误差 $\{\varepsilon_t\}_{t=2}^{T+5}$ 下，95%和 90%预测区间的平均长度 (括号内) 和基于 1000 次重复实验未来观测的覆盖率

观测点	T	95%Proposed PI	95%Normal PI	90%Proposed PI	90%Normal PI
	1000	0.887(1.801)	0.869(1.654)	0.814(1.422)	0.801(1.388)
	2000	0.901(1.934)	0.882(1.772)	0.834(1.506)	0.832(1.487)
	4000	0.926(2.016)	0.911(1.849)	0.876(1.558)	0.874(1.552)
Y_{T+1}	8000	0.953(2.100)	0.934(1.933)	0.883(1.619)	0.885(1.622)
	16000	0.950(2.140)	0.931(1.973)	0.900(1.647)	0.902(1.655)
	32000	0.947(2.163)	0.934(1.997)	0.896(1.654)	0.896(1.666)
	64000	0.946(2.156)	0.934(1.992)	0.892(1.664)	0.888(1.678)

续表

观测点	T	95%Proposed PI	95%Normal PI	90%Proposed PI	90%Normal PI
	1000	0.823(2.070)	0.812(2.017)	0.765(1.722)	0.758(1.693)
	2000	0.887(2.307)	0.872(2.207)	0.826(1.881)	0.816(1.852)
	4000	0.912(2.455)	0.897(2.331)	0.854(1.975)	0.854(1.956)
Y_{T+2}	8000	0.932(2.584)	0.918(2.453)	0.878(2.066)	0.877(2.059)
	16000	0.947(2.647)	0.932(2.514)	0.899(2.109)	0.898(2.110)
	32000	0.925(2.682)	0.910(2.550)	0.892(2.122)	0.894(2.128)
	64000	0.948(2.679)	0.942(2.548)	0.890(2.147)	0.888(2.137)
	1000	0.767(2.155)	0.768(2.172)	0.694(1.835)	0.690(1.823)
	2000	0.858(2.462)	0.848(2.413)	0.797(2.048)	0.790(2.025)
	4000	0.902(2.660)	0.895(2.573)	0.842(2.178)	0.844(2.159)
Y_{T+3}	8000	0.910(2.826)	0.898(2.723)	0.847(2.294)	0.851(2.285)
	16000	0.951(2.906)	0.94(2.799)	0.894(2.350)	0.882(2.349)
	32000	0.920(2.954)	0.916(2.845)	0.877(2.368)	0.880(2.373)
	64000	0.947(2.953)	0.942(2.845)	0.901(2.388)	0.902(2.397)
	1000	0.704(2.195)	0.710(2.279)	0.617(1.898)	0.618(1.912)
	2000	0.807(2.563)	0.806(2.575)	0.740(2.170)	0.738(2.161)
	4000	0.860(2.819)	0.857(2.777)	0.808(2.345)	0.806(2.331)
Y_{T+5}	8000	0.904(3.030)	0.892(2.962)	0.845(2.495)	0.844(2.486)
	16000	0.915(3.139)	0.901(3.060)	0.852(2.569)	0.852(2.568)
	32000	0.947(3.201)	0.938(3.119)	0.864(2.596)	0.865(2.601)
	64000	0.934(3.207)	0.929(3.123)	0.888(2.621)	0.889(2.631)

从表 4.3 和表 4.4 中注意到，正态预测区间的覆盖率在混合正态分布误差 $\{\varepsilon_t\}_{t=2}^{T+5}$ 的情况下，总是大于本书提出的预测区间的覆盖率，而在拉普拉斯分布误差的情况下小于本书提出的预测区间的覆盖率。在这两种情况下，随 T 的增加，本书提出的预测区间的覆盖率更接近预先设定的置信水平。表中显示正态预测区间的长度在混合正态情况下可能过宽而在拉普拉斯情况下过窄，这部分解释了为什么正态预测区间的覆盖率低于或高于标准水平。除了上面讨论的覆盖率之外，预测区间的长度差异也为使用本书提出的更精准的预测区间而不是简单的正态预测区间提供了强有力的证明。

从表 4.5 中很容易发现季节性 ARIMA 预测区间的覆盖率在样本量

表 4.5　三种不同分布（正态分布，混合正态分布和拉普拉斯分布）的误差 $\{\varepsilon_t\}_{t=2}^{T+5}$ 下，95%和 90%ARIMA 预测区间的平均长度 (括号内) 和基于 1000 次重复实验未来观测的覆盖率

观测点	T	95%，Normal	95%，Mixture normal	95%，Laplace	90%，Normal	90%，Mixture normal	90%，Laplace
	1000	0.925(1.876)	0.932(2.638)	0.924(1.871)	0.866(1.574)	0.851(2.214)	0.876(1.570)
	2000	0.920(1.860)	0.926(2.622)	0.935(1.861)	0.846(1.561)	0.864(2.201)	0.907(1.562)
	4000	0.930(1.850)	0.927(2.612)	0.915(1.851)	0.865(1.553)	0.855(2.192)	0.866(1.553)
Y_{T+1}	8000	0.916(1.844)	0.933(2.605)	0.911(1.845)	0.865(1.548)	0.863(2.186)	0.868(1.548)
	16000	0.915(1.840)	0.935(2.672)	0.910(1.840)	0.849(1.544)	0.860(2.242)	0.874(1.544)
	32000	0.922(1.876)	0.926(2.096)	0.920(1.876)	0.864(1.573)	0.866(1.759)	0.874(1.574)
	64000	0.918(1.873)	0.897(2.094)	0.920(1.873)	0.867(1.572)	0.846(1.757)	0.868(1.572)
	1000	0.942(2.460)	0.924(3.447)	0.930(2.454)	0.872(2.064)	0.868(2.892)	0.883(2.059)
	2000	0.927(2.419)	0.921(3.398)	0.928(2.420)	0.876(2.030)	0.847(2.852)	0.879(2.031)
	4000	0.939(2.392)	0.932(3.372)	0.927(2.393)	0.886(2.008)	0.871(2.830)	0.878(2.009)
Y_{T+2}	8000	0.933(2.376)	0.923(3.353)	0.936(2.377)	0.872(1.995)	0.863(2.814)	0.894(1.995)
	16000	0.897(2.365)	0.919(3.501)	0.925(2.366)	0.833(1.985)	0.845(2.938)	0.866(1.985)
	32000	0.932(2.436)	0.908(2.721)	0.904(2.437)	0.862(2.042)	0.876(2.284)	0.886(2.044)
	64000	0.914(2.428)	0.901(2.715)	0.936(2.428)	0.856(2.037)	0.842(2.562)	0.884(2.038)

续表

观测点	T	95%，Normal	95%，Mixture normal	95%，Laplace	90%，Normal	90%，Mixture normal	90%，Laplace
	1000	0.928(2.810)	0.929(3.920)	0.931(2.803)	0.879(2.358)	0.861(3.290)	0.883(2.352)
	2000	0.935(2.742)	0.927(3.839)	0.923(2.742)	0.877(2.301)	0.858(3.222)	0.880(2.302)
	4000	0.920(2.697)	0.917(3.796)	0.924(2.699)	0.851(2.263)	0.858(3.186)	0.876(2.265)
Y_{T+3}	8000	0.926(2.671)	0.917(3.765)	0.934(2.672)	0.866(2.242)	0.852(3.159)	0.886(2.242)
	16000	0.905(2.653)	0.924(3.999)	0.920(2.653)	0.850(2.226)	0.848(3.356)	0.860(2.227)
	32000	0.904(2.746)	0.900(3.065)	0.906(2.749)	0.846(2.300)	0.862(2.574)	0.860(2.305)
	64000	0.911(2.731)	0.908(3.054)	0.920(2.732)	0.849(2.291)	0.866(2.562)	0.874(2.293)
	1000	0.940(3.222)	0.920(4.452)	0.948(3.214)	0.889(2.704)	0.872(3.373)	0.897(2.697)
	2000	0.943(3.093)	0.935(4.305)	0.918(3.096)	0.870(2.595)	0.856(3.613)	0.875(2.598)
	4000	0.929(3.013)	0.930(4.228)	0.924(3.016)	0.874(2.529)	0.861(3.549)	0.878(2.531)
Y_{T+5}	8000	0.931(2.967)	0.924(4.174)	0.925(2.968)	0.874(2.490)	0.860(3.503)	0.880(2.491)
	16000	0.923(2.936)	0.923(4.637)	0.914(2.936)	0.851(2.464)	0.858(3.891)	0.863(2.464)
	32000	0.910(3.037)	0.910(3.382)	0.928(3.045)	0.836(2.537)	0.830(2.842)	0.846(2.549)
	64000	0.915(2.993)	0.908(3.348)	0.918(2.996)	0.856(2.512)	0.864(2.807)	0.860(2.515)

T 非常大时也很难达到预定的置信水平。并且在小样本情况下，季节性 ARIMA 预测区间的平均长度要比本书提出的预测区间宽很多，见表 4.2 和表 4.4。所以本书提出的方法和季节性 ARIMA 方法相比显然有更好的表现。

4.4 实证分析

本章使用的数据集包含了从 2013 年 1 月 1 日至 2020 年 7 月 31 日 8 年 30 个季节的西安市每日空气污染物浓度。六大主要的大气污染物 CO、NO_2、O_3、PM_{10}、$PM_{2.5}$ 和 SO_2 以吨每平方千米（t/km^2）为单位进行测量。该数据集由西安市环境监测中心和中国国家环境监测总站提供。每种污染物有 2769 个观测值，本书仅删除了占比很小的无效观测值，将剩余部分作为使用的数据集。每种污染物浓度的记录值被分成一个测试集（最后 5 个观测值）和一个训练集（其他观测值）。

4.4.1 探索性数据分析

图 4.1 展示了六种空气污染物浓度记录的散点图。可以发现每种空气污染物浓度都显现出了时间趋势和周期性，所以是非平稳的。进一步的增广迪基-富勒（augmented Dickey-Fuller，ADF）检验支持了本书的发现。表 4.6 中总结了各种空气污染物浓度的描述性统计量：最小值、最大值、平均数、标准差、分位数、偏度和峰度。从表 4.6 中可以看出，偏度较高的是 PM_{10}、$PM_{2.5}$ 和 SO_2，这与数据中的快速增长相对应，如图 4.1 所示。上述三种污染物的峰度也较大，这与数据中存在的不连续性有关。图 4.2 展示了各空气污染物浓度的箱线图。可以发现温暖季节的 O_3 水平高于寒冷季节，而其他五种污染物在冬季浓度最高。很明显，除了 O_3 之外的空气污染物浓度都呈现下降的趋势。

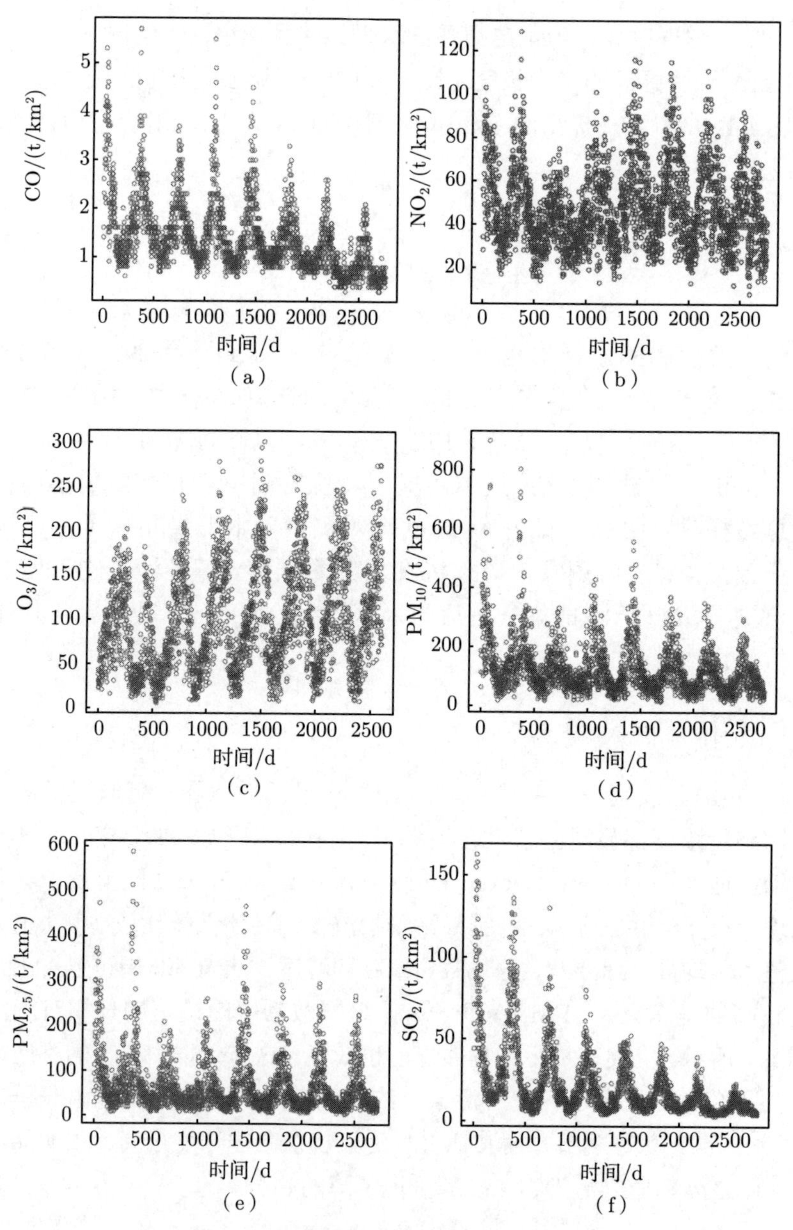

图 4.1　每种空气污染物排放量的散点图

表 4.6　各种空气污染物浓度的描述性统计量

污染物	CO	NO_2	O_3	PM_{10}	$PM_{2.5}$	SO_2
最小值	0.3	8	6	11	6	3
最大值	5.7	129	301	903	589	163
平均数	1.38	47.40	96.31	120.77	65.65	20.53
标准差	0.73	18.37	56.39	85.39	60.59	20.56
25%分位数	0.9	33	50	65	29	8
中位数	1.2	44	86	97	45	13
75%分位数	1.6	59	136	148.25	77	25
偏度	1.71	0.73	0.65	2.49	2.78	2.79
峰度	7.12	3.24	2.75	14.0	14.1	13.0

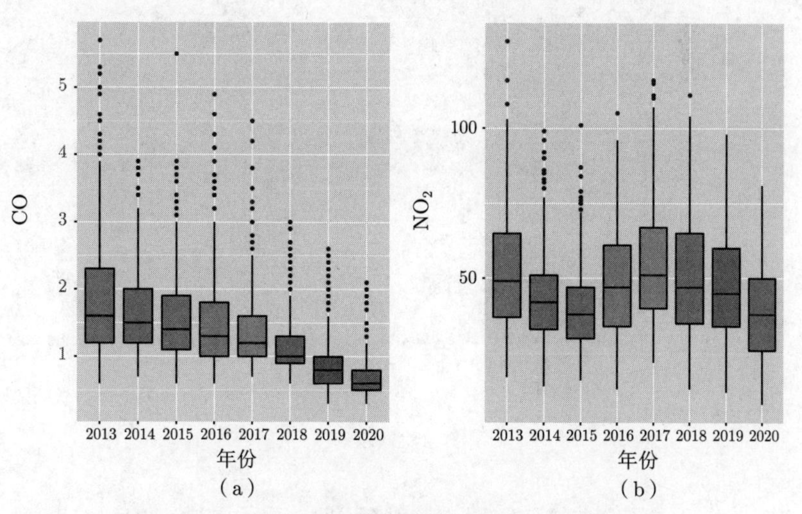

图 4.2　每种污染物日浓度的箱线图（前附彩图）

黑色粗线为中位数

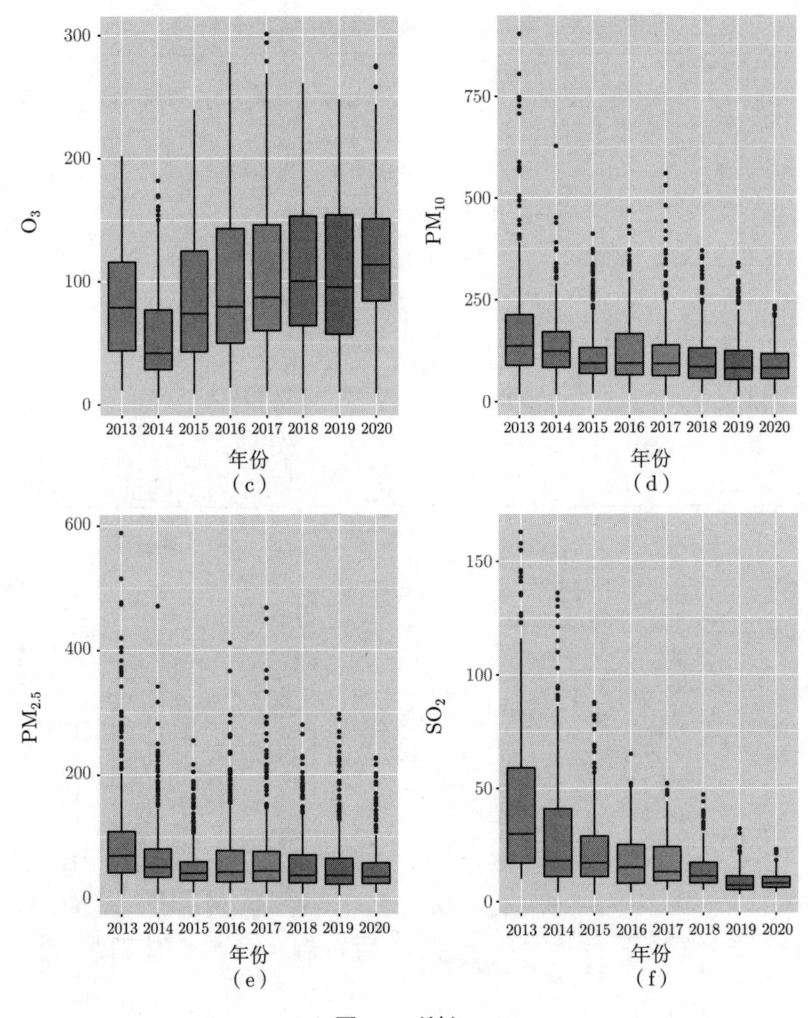

图 4.2（续）

4.4.2 基于季节性 ARIMA 模型预测空气污染物浓度

通常季节性差分整合移动平均自回归被定义为 ARIMA $(p，d，q)(P，D，Q)_s$。其中，p 是描述自回归过程的阶数，d 是差分的阶数，q 是移动平均过程的阶数，P 是季节性自回归的阶数，D 是季节性差分的阶数，Q 分别是季节性移动平均的阶数，s 是一个季节的周期数。给定空气污染物浓度观测 $\{Y_t\}_{t=1}^{T}$，季节性 ARIMA 模型可以写为

$$\boldsymbol{\phi}_p(L)\boldsymbol{\Phi}_P(L^s)\nabla^d\nabla_s^D Y_t=\boldsymbol{\theta}_q(L)\boldsymbol{\Theta}_Q(L^s)\varepsilon_t \tag{4.18}$$

其中，L 是滞后算子，满足 $L^dY_t=Y_{t-d}$，∇ 是差分算子，满足 $\nabla=1-L$ 和 $\nabla_s=1-L^s$，ε_t 为白噪声且 $\varepsilon_t\sim WN(0,\ \sigma^2)$。$\boldsymbol{\phi}$ 和 $\boldsymbol{\Phi}$ 包括了非季节性和季节性的自回归参数，$\boldsymbol{\theta}$ 和 $\boldsymbol{\Theta}$ 包含了非季节性和季节性的移动平均参数。其中，$\boldsymbol{\phi}(L)=1-\sum\limits_{k=1}^{p}\phi_kL^k$，$\boldsymbol{\Phi}(L^s)=1-\sum\limits_{k=1}^{P}\Phi_k(L^s)^k$，$\boldsymbol{\theta}(L)=1-\sum\limits_{k=1}^{q}\theta_kL^k$，$\boldsymbol{\Theta}(L^s)=1-\sum\limits_{k=1}^{Q}\Theta_k(L^s)^k$。

考虑到数据中的周期性，本书将滞后阶数 $s=365$ 的季节性 ARIMA 模型应用于每个空气污染物浓度中。通过 BIC 确定各阶数 p、d、q、P、D 和 Q，通过最小二乘法估计系数。图 4.3 显示了估计结果，红色为原始数据，黑色为其拟合值。表 4.7 的第三列展示了相应的 95%向前至多五步的预测区间。

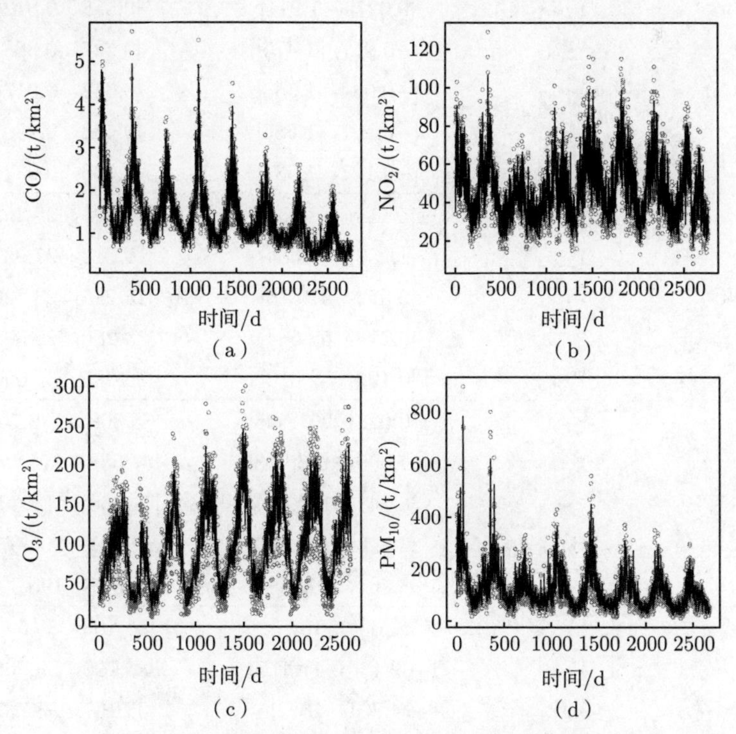

图 4.3　各空气污染物浓度的季节性 ARIMA 模型拟合值（前附彩图）

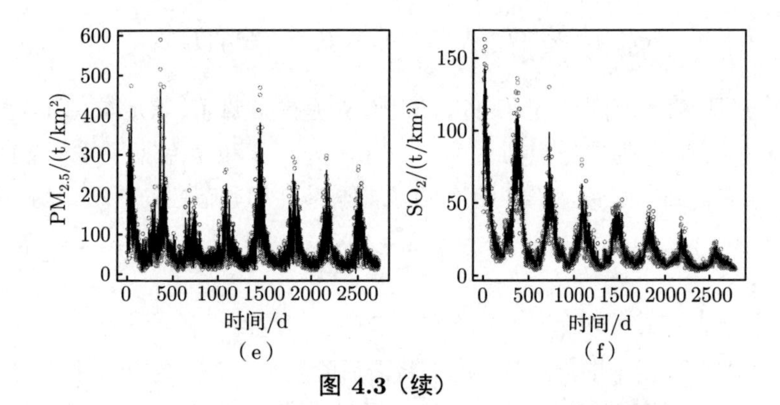

图 4.3（续）

表 4.7 各空气污染物未来观测的 95%ARIMA 预测区间和提出的预测区间

污染物	未来观测	ARIMA PI	Proposed PI
CO	Y_{T+1}	[0.0276，1.211]	[0.555，0.812]
	Y_{T+2}	[−0.057，1.476]	[0.627，0.888]
	Y_{T+3}	[−0.084，1.533]	[0.632，0.917]
	Y_{T+4}	[−0.107，1.586]	[0.638，0.950]
	Y_{T+5}	[−0.127，1.635]	[0.606，0.932]
NO_2	Y_{T+1}	[5.415，48.356]	[16.881，28.469]
	Y_{T+2}	[1.250，55.604]	[16.312，27.937]
	Y_{T+3}	[0.372，57.816]	[15.745，28.326]
	Y_{T+4}	[0.213，58.584]	[15.286，29.604]
	Y_{T+5}	[0.192，59.012]	[16.085，31.090]
O_3	Y_{T+1}	[70.028，201.505]	[85.308，190.703]
	Y_{T+2}	[47.000，196.998]	[67.538，174.426]
	Y_{T+3}	[36.341，194.824]	[71.650，188.302]
	Y_{T+4}	[32.698，196.262]	[82.701，205.975]
	Y_{T+5}	[38.401，206.896]	[67.020，195.309]
PM_{10}	Y_{T+1}	[−42.096，152.525]	[36.663，59.536]
	Y_{T+2}	[−69.120，179.151]	[35.720，58.666]
	Y_{T+3}	[−74.391，184.265]	[33.157，58.737]
	Y_{T+4}	[−74.739，186.722]	[32.198，60.000]
	Y_{T+5}	[−75.045，189.103]	[32.410，62.125]

续表

污染物	未来观测	ARIMA PI	Proposed PI
$PM_{2.5}$	Y_{T+1}	[−43.433，85.431]	[20.166，33.182]
	Y_{T+2}	[−61.659，110.086]	[24.184，37.168]
	Y_{T+3}	[−64.626，119.236]	[24.533，38.780]
	Y_{T+4}	[−64.801，121.879]	[23.427，39.109]
	Y_{T+5}	[−65.069，122.987]	[23.756，40.127]
SO_2	Y_{T+1}	[−10.659，22.008]	[4.049，5.419]
	Y_{T+2}	[−13.846，25.801]	[3.697，5.068]
	Y_{T+3}	[−14.944，27.342]	[3.446，4.923]
	Y_{T+4}	[−15.506，28.592]	[3.411，5.052]
	Y_{T+5}	[−16.301，30.210]	[3.472，5.194]

不难发现季节性 ARIMA 模型的拟合效果虽然不错，但通常预测方差很大，且预测区间的下界很小，有时甚至是负数，这显然是不现实的，因为空气污染物的浓度总是正的。表 4.7 中的一些预测区间过宽，甚至几乎覆盖了整个数据范围，即所有的原始数据都落入预测区间，这使其在统计推断中失去了作用。

4.4.3 基于所提出的方法预测空气污染物浓度

本书首先通过非参数回归来分离式 (4.1) 中的趋势函数，并估计其方差函数。图 4.4 展示了训练集中每种污染物的光滑估计量 $\widehat{m}(\cdot)$。可以看出该估计量完美刻画了大气污染物浓度数据的变化规律，反映了其总体趋势。与季节性 ARIMA 模型中的估计量相比，它的波动性没有那么强。各空气污染物浓度的方差估计 $\widehat{\sigma}^2(\cdot)$ 如图 4.5 所示。

在拟合了误差的自回归模型并获得拟合残差的分位数后，本书建立了每种空气污染物向前至多五步的预测区间。表 4.7 的第四列展示了未来观测 Y_{T+1}，$\cdots$，Y_{T+5} 的预测区间。可以清楚地看到，这些预测区间比季节性 ARIMA 的预测区间窄得多，也证明了本书方法的高精度和强实用性。为了进一步可视化逐点的多步向前预测区间，图 4.6 展示了每种空气污染物浓度最后 5 个观测值 (测试集) 的 ARIMA 估计量、本书提出的估计量、95%逐点的 ARIMA 预测区间 (ARIMA PI) 和提出的预测区

间 (Proposed PI)。

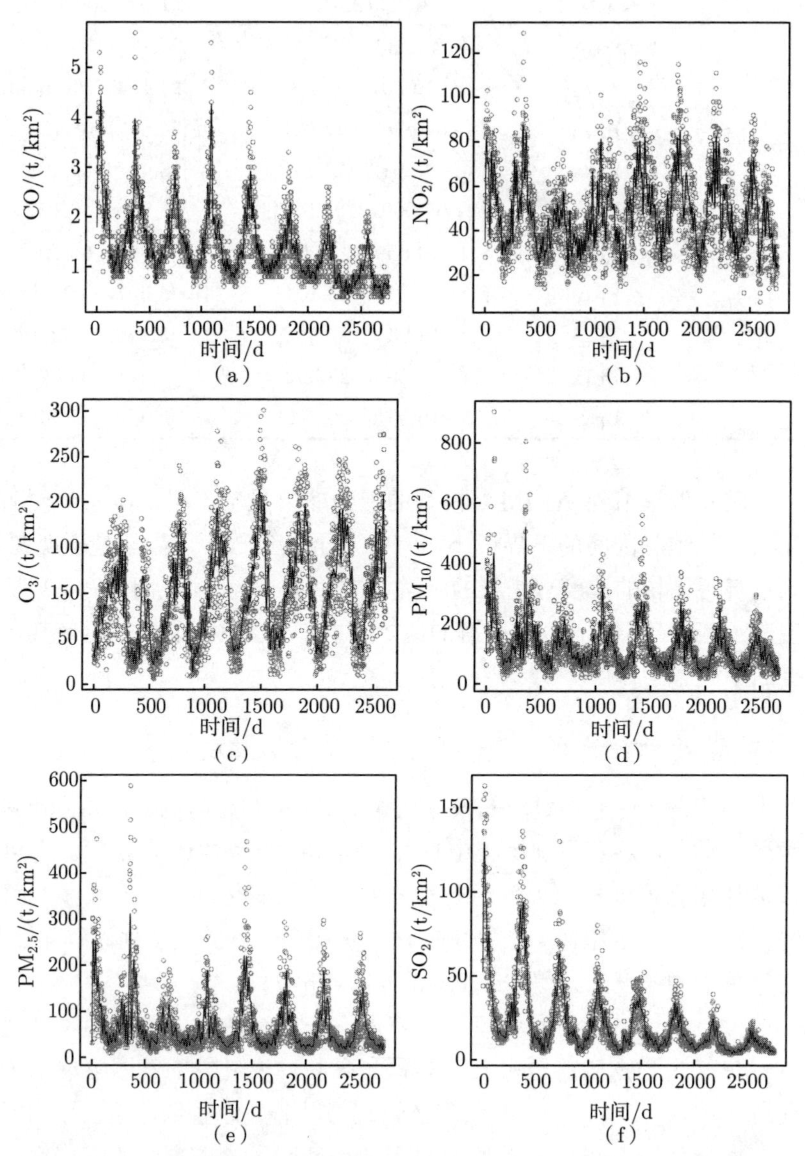

图 4.4　每种空气污染物浓度及其趋势函数估计量 $\widehat{m}(\cdot)$（前附彩图）

$\widehat{m}(\cdot)$ 为实线

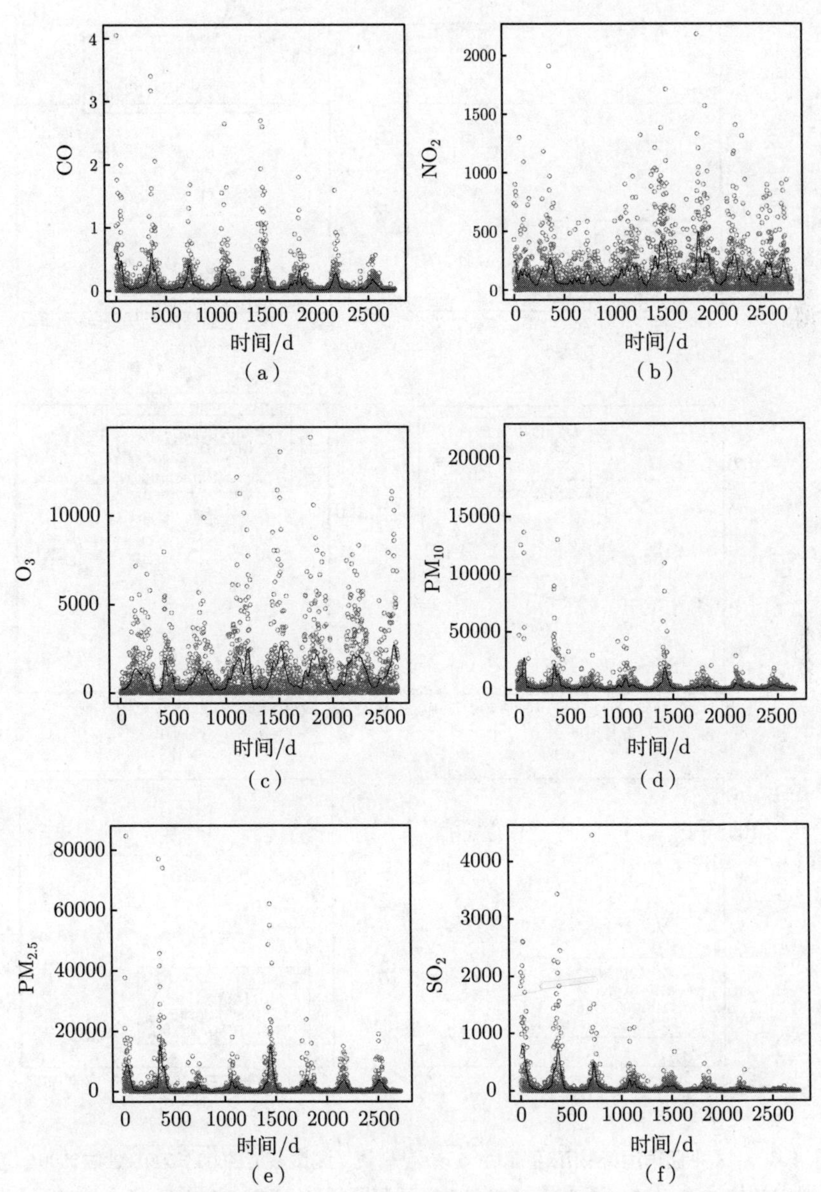

图 4.5　每种空气污染物浓度的 $\hat{e}_t^2$ 的散点图及其方差函数估计量 $\hat{\sigma}^2(\cdot)$（前附彩图）

$\hat{\sigma}^2(\cdot)$ 为实线

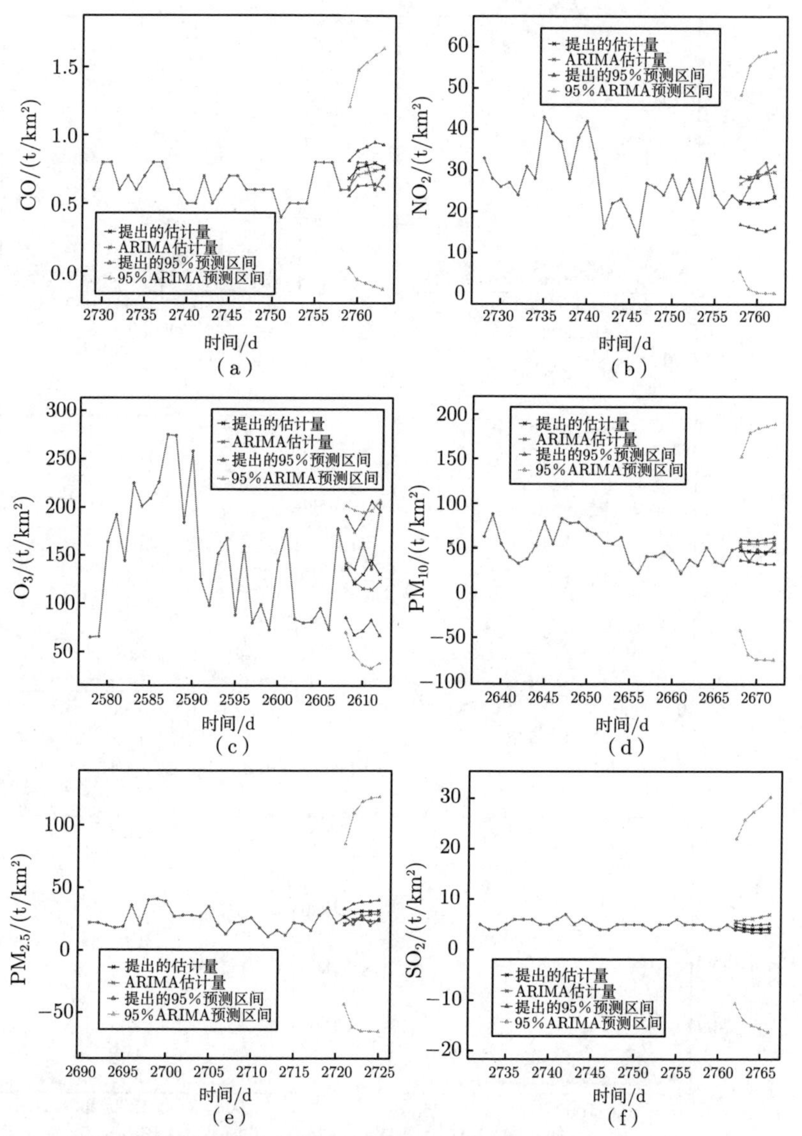

图 4.6 每种空气污染物浓度最后 5 个观测值 (测试集) 的 ARIMA 估计量、我们提出的估计量、95%逐点的 ARIMA 预测区间（ARIMA PI) 和提出的预测区间 (Proposed PI)

在所有的图中，真实的空气污染物浓度都被 ARIMA 预测区间包含，而有些真实值落在了本书提出的预测区间之外，似乎 ARIMA 预测区间在捕捉未来真实值方面表现更好，但却以牺牲精度为代价。如表 4.7 和图 4.6 所示，ARIMA 预测区间整体上比本书提出的预测区间宽得多，所以在确定未来值的范围方面用处不大。本书提出的预测区间在覆盖率和准确性之间实现了完美的平衡。此外，从图 4.6 中很容易发现本书提出的估计偏差更小，即比 ARIMA 估计更接近真实值，这进一步揭示了本书提出的方法的优越性。

第 5 章 工作总结与未来展望

本书研究了关于时间序列的三种统计推断问题：时间序列分布函数、函数型时间序列，以及时间序列预测区间。首先，本书建立了渐近正确的严格平稳时间序列分布函数的四种同时置信带。该方法可以用来检验时间序列的各种分布，理论可靠且操作简便。一个有趣的应用是将本书所提的方法用于标准普尔 500 指数股票回报率序列，发现其分布函数可能是自由度高于 2 的学生分布，甚至正态分布。其次，对于平稳的函数型时间序列，本书提出用样条回归估计其均值函数，证明了估计量的默示有效性，进而构造出均值函数的同时置信带。将该方法用于脑电图信号，得到了有意义的发现。最后，本书将非参数回归拓展到局部平稳时间序列的框架下，使用样条光滑、核回归等方法构造出了多步向前的预测区间。该方法应用于空气污染物浓度数据的分析中，有效解释了该数据潜在的动态变化规律，并可以精确预测未来五到七日空气污染物的浓度，在污染物管理和早期预防方面有广泛的应用价值。

在本书的研究基础之上，一些方向值得未来进一步研究：

（1）第 2 章中关于时间序列分布函数的研究可以扩展到多元时间序列或矩阵时间序列，也可研究其条件分布函数，或者其他类型的相依数据 (例如时空数据、函数型数据等) 的分布函数。

（2）第 3 章提出的 FMA(∞) 模型可以拓展到函数型面板数据，研究其均值函数和函数型自协方差函数。两样本函数型时间序列均值函数的比较、多元函数型时间序列的统计推断也是很有意义的研究问题。

参考文献

[1] DE BOOR C. A practical guide to splines[M]. New York: Springer, 2001.

[2] LORENTZ G, DEVORE R. Constructive approximation, polynomials and splines approximation[M]. Berlin: Springer, 1993.

[3] SONG Q, YANG L. Spline confidence bands for variance functions[J]. Journal of Nonparametric Statistics, 2009, 5: 589-609.

[4] WANG J, YANG L. Polynomial spline confidence bands for regression curves [J]. Statistica Sinica, 2009, 19: 325-342.

[5] WANG J. Modelling time trend via spline confidence band[J]. Annals of the Institute of Statistical Mathematics, 2012, 64: 275-301.

[6] CAI L, YANG L. A smooth simultaneous confidence band for conditional variance function[J]. TEST, 2015, 24: 632-655.

[7] ZHANG Y, YANG L. A smooth simultaneous confidence band for correlation curve[J]. TEST, 2018, 27: 247-269.

[8] GU L, YANG L. Oracally efficient estimation for single-index link function with simultaneous band[J]. Electronic Journal of Statistics, 2015, 9: 1540-1561.

[9] ZHENG S, LIU R, YANG L, et al. Statistical inference for generalized additive models: Simultaneous confidence corridors and variable selection[J]. TEST, 2016, 25: 607-626.

[10] CARDOT H, JOSSERAND E. Horvitz-thompson estimators for functional data: Asymptotic confidence bands and optimal allocation for stratified sampling[J]. Biometrika, 2011, 98: 107- 118.

[11] DEGRAS D. Simultaneous confidence bands for nonparametric regression with functional data[J]. Statistica Sinica, 2013, 21: 1735-1765.

[12] CAO G, YANG L, TODEM D. Simultaneous inference for the mean function based on dense functional data[J]. Journal of Nonparametric Statistics, 2012, 24: 359-377.

[13] MA S, YANG L, CARROLL R. A simultaneous confidence band for sparse longitudinal regression[J]. Statistica Sinica, 2012, 22: 95-122.

[14] CARDOT H, DEGRAS D, JOSSERAND E. Confidence bands for horvitz-thompson estimators using sampled noisy functional data[J]. Bernoulli, 2013, 19: 2067-2097.

[15] SONG Q, LIU R, SHAO Q, et al. A simultaneous confidence band for dense longitudinal regression[J]. Communications in Statistics. A–Theory Methods, 2014, 43: 5195-5210.

[16] ZHENG S, YANG L, HÄRDLE W. A smooth simultaneous confidence corridor for the mean of sparse functional data[J]. Journal of American Statistical Association, 2014, 109: 661-673.

[17] GU L, WANG L, HÄRDLE W, et al. A simultaneous confidence corridor for varying coefficient regression with sparse functional data[J]. Test, 2014, 23: 806-843.

[18] CAO G, WANG L, LI Y, et al. Oracle-efficient confidence envelopes for covariance functions in dense functional data[J]. Statistica Sinica, 2016, 26: 359-383.

[19] CHOI H, REIMHERR M. A geometric approach to confidence regions and bands for functional parameters[J]. Journal of the Royal Statistical Society: Series B (Statistical Methodology), 2018, 80(1): 239-260.

[20] WANG Y, WANG G, WANG L, et al. Simultaneous confidence corridors for mean functions in functional data analysis of imaging data[J]. Biometrics, 2020, 76(2): 427-437.

[21] YU S, WANG G, WANG L, et al. Estimation and inference for generalized geoadditive models[J]. Journal of the American Statistical Association, 2020, 115(530): 761-774.

[22] WANG J, LIU R, CHENG F, et al. Oracally efficient estimation of autoregressive error distribution with simultaneous confidence band[J]. Annals of Statistics, 2014, 42: 654-668.

[23] KONG J, GU L, YANG L. Prediction interval for autoregressive time series via oracally efficient estimation of multi-step ahead innovation distribution function[J]. Journal of Time Series Analysis, 2018, 39: 690-708.

[24] FERRATY F, VIEU P. Nonparametric functional data analysis: Theory and practice[M]. New York: Springer Science & Business Media, 2006.

[25] SILVERMAN B, RAMSAY J. Applied functional data analysis: Methods and case studies[M]. New York: Springer, 2002.

[26] RAMSAY J O, SILVERMAN B W. Functional data analysis[M]. New York: Springer, 2005.

[27] HSING T, EUBANK R. Theoretical foundations of functional data analysis, with an introduction to linear operators[M]. Chichester: Wiley, 2015.

[28] KOKOSZKA P, REIMHERR M. Introduction to functional data analysis[M]. Boca Raton: CRC Press, 2017.

[29] HORVATH P, Land Kokoszka, REEDER R. Estimation of the mean of functional time series and a two-sample problem[J]. Journal of the Royal Statistical Society, Series B, 2013, 75: 103-122.

[30] CHEN M, SONG Q. Simultaneous inference of the mean of functional time series[J]. Electronic Journal of Statistics, 2015, 9: 1779-1798.

[31] BROCKWELL P J, DAVIS R A. Time series: Theory and methods[M]. New York: Springer, 1991.

[32] FAN J, YAO Q. Nonlinear time series: Nonparametric and parametric methods[M]. New York: Springer Science & Business Media, 2008.

[33] THOMBS L A, SCHUCANY W R. Bootstrap prediction intervals for autoregression[J]. Journal of the American Statistical Association, 1990, 85(410): 486-492.

[34] ANEIROS-PÉREZ G, CAO R, VILAR-FERNÁNDEZ J M. Functional methods for time series prediction: A nonparametric approach[J]. Journal of Forecasting, 2011, 30(4): 377-392.

[35] DE LIVERA A M, HYNDMAN R J, SNYDER R D. Forecasting time series with complex seasonal patterns using exponential smoothing[J]. Journal of the American statistical association, 2011, 106(496): 1513-1527.

[36] DAHLHAUS R. Locally stationary processes[M]//Handbook of statistics: Volume 30. Amsterdam: Elsevier, 2012: 351-413.

[37] DETTE H, WU W. Prediction in locally stationary time series[J]. Journal of Business & Economic Statistics, 2022, 40(1): 370-381.

[38] DAS S, POLITIS D N. Predictive inference for locally stationary time series with an application to climate data[J]. Journal of the American Statistical Association, 2021, 116(534): 919-934.

[39] ROSÉN B. Limit theorems for sampling from finite populations[J]. Arkiv för Matematik, 1964, 5(5): 383-424.

[40] REISS R. Nonparametric estimation of smooth distribution functions[J]. Scandinavian Journal of Statistics, 1981, 8: 116-119.

[41] FALK M. Asymptotic normality of the kernel quantile estimator[J]. Annals

of Statistics, 1985, 13: 428- 433.

[42] CHENG M, PENG L. Regression modeling for nonparametric estimation of distribution and quantile functions[J]. Statistica Sinica, 2002, 12: 1043-1060.

[43] LIU R, L Y. Kernel estimation of multivariate cumulative distribution function[J]. Journal of Nonparametric Statistics, 2008, 20: 661-677.

[44] XUE L, J W. Distribution function estimation by constrained polynomial spline regression[J]. Journal of Nonparametric Statistics, 2010, 22: 443-457.

[45] WANG J, CHENG F, L Y. Smooth simultaneous confidence bands for cumulative distribution functions[J]. Journal of Nonparametric Statistics, 2013, 25: 395-407.

[46] WANG J, CHENG F, L Y. Simultaneous confidence bands for the distribution function of a finite population and its superpopulation[J]. Test, 2016, 25: 692-709.

[47] BILLINGSLEY P. Convergence of probability measures[M]. New York: Wiley, 1999: 56-60.

[48] SHAO Q, YANG L. Oracally efficient estimation and consistent model selection for auto-regressive moving average time series with trend[J]. Journal of the Royal Statistical Society: Series B (Statistical Methodology), 2017, 79(2): 507-524.

[49] ZHANG Y, LIU R, SHAO Q, et al. Two-step estimation for time varying arch models[J]. Journal of Time Series Analysis, 2020, 41(4): 551-570.

[50] DEO C M. A note on empirical processes of strong-mixing sequences[J]. The Annals of Probability, 1973: 870-875.

[51] BOSQ D. Linear processes in function spaces: Theory and applications[M]. New York: Springer, 2000.

[52] CSÖRGO M, RÉVÉSZ P. Strong approximations in probability and statistics [M]. New York: Academic Press, 1981.

[53] FAN J, GIJBELS I. Local polynomial modelling and its applications[M]. London: Chapman and Hall, 1996.

在学期间完成的相关学术成果

学术论文：

[1] LI J, HU Q, ZHANG F. Multi-step-ahead prediction interval for locally stationary time series with application to air pollutants concentration data[J]. Stat. 2022, 11(1): e411. (SCI 期刊)

[2] LI J, WANG J, YANG L. Kolmogorov-Smirnov simultaneous confidence bands for time series distribution function[J]. Computational Statistics. 2022, 37(3): 1015-1039. (SCI 期刊)

[3] LI J, YANG L. Statistical inference for functional time series[J]. Statistica Sinica. 2023, 33(1): 519-549. (SCI 期刊)

专利：

[1] 李杰, 胡祺睿, 杨立坚. 空间区域的同时置信曲面获取及系统: CN 113934980 A[P]. 2022-01-28.

致　谢

光阴似箭，五年的博士学习生活即将结束。这五年我成长了很多，也收获了很多，在此想对帮助过我的老师们和同学们表示衷心的感谢!

首先，特别感谢我的导师杨立坚教授，能够跟着杨老师读博我感到非常幸运。杨老师扎实的数理功底、严谨的科研态度、富有创造力的学术思维令我敬佩。平日里他对我悉心指导，关怀鼓励，我取得的每一份成绩都离不开杨老师的培养和帮助。他春风化雨般的言传身教让我在学术道路上步伐坚定，眼界开阔，信心满满。杨老师不仅是我的学术导师，更是我人生的引路人。

感谢北京大学光华管理学院的宋晓军教授，美国加州大学河滨校区的马舒洁教授和李业华教授对我的指导帮助，他们为我的学术研究指明了新的方向。

特别感谢我的师弟冯永真，总是为我提供学术上的支持与精神上的鼓励。感谢我的同学张心雨、郭瀚民、刘朝阳、钟晨和袁正，大家相互鼓励，相互支持，一起顺利完成学业。也感谢我的师姐王江艳、蔡利和张园园，以及我的师弟、师妹黄昆、宋泽宁、郑思捷、孙爽、胡祺睿和易盈淮，在学习及生活上给我的帮助。

感谢父母对我的养育之恩，以及在求学道路上对我的支持与鼓励，他们永远是我最坚强的后盾。

最后，我还想感谢自己，感谢自己在面对困难时选择了等待与坚持，以最积极、平和的心态面对人生。

李　杰

2022 年 5 月